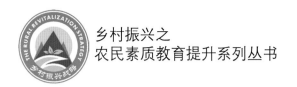

乡村振兴之
农民素质教育提升系列丛书

小麦生产技术与病虫草害防治图谱

◎ 沈爱芳　吴立谦　主编

U0250658

中国农业科学技术出版社

图书在版编目（CIP）数据

小麦生产技术与病虫草害防治图谱 / 沈爱芳，吴立谦主编 . —北京：中国农业科学技术出版社，2019. 7

乡村振兴之农民素质教育提升系列丛书

ISBN 978-7-5116-4112-0

Ⅰ . ①小… Ⅱ . ①沈… ②吴… Ⅲ . ①小麦—栽培技术—图谱 ②小麦—病虫害防治—图谱 Ⅳ . ①S512.1-64 ②S435.12-64

中国版本图书馆 CIP 数据核字（2019）第 060305 号

责任编辑　张志花
责任校对　贾海霞

出 版 者　中国农业科学技术出版社
　　　　　北京市中关村南大街12号　　　邮编：100081
电　　话　（010）82106636（编辑室）（010）82109702（发行部）
　　　　　（010）82109709（读者服务部）
传　　真　（010）82106631
网　　址　http：// www.castp.cn
经 销 者　全国各地新华书店
印 刷 者　固安县京平诚乾印刷有限公司
开　　本　880mm×1 230mm　1/32
印　　张　3.5
字　　数　85千字
版　　次　2019年7月第1版　　2019年7月第1次印刷
定　　价　30.00元

《小麦生产技术与病虫草害防治图谱》

编委会

主　编	沈爱芳	吴立谦
副主编	师海昆	马玉涛
	李贵芳	史万民
编　委	陈登霞	贾春娟
	高陆卫	王钧强

我国农作物病虫害种类多而复杂。随着全球气候变暖、耕作制度变化、农产品贸易频繁等多种因素的影响，我国农作物病虫害此起彼伏，新的病虫不断传入，田间为害损失逐年加重。许多重大病虫害一旦暴发，不仅对农业生产造成极大损失，而且对食品安全、人身健康、生态环境、产品贸易、经济发展乃至公共安全都有重大影响。因此，增强农业有害生物防控能力并科学有效地控制其发生和为害成为当前非常急迫的工作。

由于病虫防控技术要求高，时效性强，加之目前我国从事农业生产的劳动者，多数不具备病虫害识别能力，因混淆病虫害而错用或误用农药造成防效欠佳、残留超标、污染加重的情况时有发生，这就迫切需要一部通俗易懂、图文并茂的专业图书，来指导农民科学防控病虫害。鉴于此，我们组织全国各地经验丰富的培训教师编写了一套病虫害防治图谱。

本书为《小麦生产技术与病虫草害防治图谱》，主要包括小麦生产技术、小麦病害防治、小麦虫害防治、小麦草害防治等内容。首先，从播前准备、适时播种、田间管理、收获与贮藏等方面对小麦生产技术进行了简单介绍；接着精选了对小麦产量和品质影响较大的13种病害和10种虫害，以彩色照片配合文字辅助说明的方式从病虫害（为害）特征、发生规律和防治方法等方面进行讲解；最后对麦田中的常见杂草及防除方法进行了叙述。

　　本书通俗易懂、图文并茂、科学实用，适合各级农业技术人员和广大农民阅读，也可作为植保科研、教学工作者的参考用书。需要说明的是，书中病虫草害的农药使用量及浓度，可能会因为小麦的生长区域、品种特点及栽培方式的不同而有一定的区别。在实际使用中，建议以所购买产品的使用说明书为标准。

　　由于时间仓促，水平有限，书中难免存在不足之处，欢迎指正，以便再版时修订。

编　者

2019年2月

CONTENTS 目 录

第一章
小麦生产技术

一、播前准备

1.品种选择

在小麦品种的选择上，应该结合当地的天气状况和生态生产条件，优先选择由种子生产公司销售的符合国家级和省级农作物品种审定委员会审定的小麦种子，并注意以下几个方面。

（1）抗寒性。小麦品种有春性、半冬性和冬性3个不同类型。春性品种抗寒性最差，遇到倒春寒不受冻害或较轻的品种说明抗寒性较好。

（2）抗病性。小麦病害主要有锈病、白粉病、纹枯病、全蚀病、赤霉病等，所以在购买种子时，应认真阅读品种抗病性的介绍。

（3）早熟性。早熟或中熟品种能够避免或减轻某些自然灾害。

（4）抗倒性。只有选择抗倒伏能力强的品种，才能实现丰产稳产。

（5）丰产性和稳产性。在选择品种时不要跟风，要选择适合本地气候条件、适合本户土壤条件的当家品种。

（6）品质。小麦分为粉质麦、半角质麦、角质麦。可以根据要求选择。

2. 药剂拌种

小麦播种前进行种子包衣、药剂拌种（图1-1），是压低病虫基数、前移防治关口、减轻来年病虫害发生为害的一项关键性措施。拌种药剂用量必须严格按照要求进行，一般先将杀虫剂按要求比例加水稀释成药液，用喷雾器将药液均匀喷洒于种子，堆闷4~6小时摊开晾干后，在临播前再拌杀菌剂和调节剂，要随拌随播，不可久置。另外，药剂拌种要有专人负责，严格按照操作规范实施。拌药期间禁止吸烟、喝水、吃零食；拌药后要及时洗手洗脸，拌过药剂的麦种要单独存放，严禁人畜中毒事故的发生。

拌种前   拌种后

图1-1　小麦拌种前后

3. 造墒保墒

前茬作物收获后及早粉碎秸秆，均匀覆盖地表，秸秆长度小于5厘米。播种时耕层土壤相对含水量应达到70%～80%，土壤墒情不足时应适时适量浇灌底墒水。

4. 耕地与整地

秸秆还田的地块，宜翻耕整地。耕深应达到25厘米，耕后耙实耙透，达到地表平整，上虚下实，表层不板结，下层不翘空。若采用旋耕整地（图1-2），耕深应达到15厘米，并镇压耙实；连续2～3年旋耕的地块应翻耕1次。地下害虫严重发生地块，每亩[①]可用3%辛硫磷颗粒或2.5%甲基异柳磷颗粒拌细土均匀撒施于地面，随耕地翻入土中。

图1-2　旋耕整地

---

① 1亩≈667米²，全书同。

5. 施肥

推广测土配方施肥，增施有机肥，补施硫肥。一般亩产600千克以上的高产田块，每亩总施肥量氮肥（纯氮）为15～18千克、磷肥（五氧化二磷）为6～8千克、钾肥（氧化钾）为3～5千克；亩产500千克左右的田块，每亩总施肥量氮肥（纯氮）为13～15千克、磷肥（五氧化二磷）为6～8千克、钾肥（氧化钾）为3～5千克。磷肥、钾肥和硫肥一次性底施，氮肥分基肥与追肥两次施用，基肥与追肥比例为5∶5或6∶4。

二、适时播种

1. 播期

小麦分为冬小麦和春小麦。在我国一般以长城为界，以南大体为冬小麦，以北则为春小麦。我国以冬小麦为主。冬小麦是稍暖的地方种的，一般在9月中下旬至10月上旬播种，第二年5月底至6月中下旬成熟。春小麦一般在春节后播种，8—9月收割。

2. 播量

在适播期内，要因地、因种、因播期而异，分类确定播量。在适宜播期范围内，一般每亩播量8～10千克，超出适播期后，每推迟3天每亩应增加播量0.5千克，但播量最多每亩不超过15千克。整地质量较差、土质偏黏地块应适当增加播量。

3. 播种方法

小麦播种（图1-3）提倡推广宽幅匀播技术，播深3～5厘米，随播镇压或播后镇压。

图1-3 小麦播种

三、田间管理

1. 前期管理（出苗至越冬）

（1）化学除草。冬前是麦田化学除草的有利时机（图1-4），可选用炔草酸、精恶唑禾草灵等防除野燕麦、看麦娘等；用甲基二磺隆、甲基二磺隆+甲基碘磺隆防除节节麦、雀麦等；用双氟磺草胺、氯氟吡氧乙酸、唑草酮、苯磺隆、溴苯腈和二甲四氯水剂等防除双子叶杂草。防治时间宜选择在小麦3~5叶期、杂草2~4叶期、气温在10℃以上的晴朗无风天气进行。

（a）背负式喷雾器除草

（b）自走式喷雾除草机除草

图1-4 化学除草

（2）科学灌水。一是浇好分蘖盘根水，促进冬前长大蘖、成壮蘖。二是巧灌越冬水。对秸秆还田、旋耕播种、土壤悬空不实和缺墒的麦田必须进行冬灌，以踏实土壤，保苗安全越冬。冬灌的时间一般在日平均气温3℃以上时进行，在封冻前完成，一般每亩浇水量为40米^3，禁止大水漫灌，浇后及时划锄松土，增温保墒。

2. 中期管理（返青至抽穗）

（1）预防倒伏。对整地粗放、坷垃较多的麦田，开春后要进行镇压（图1-5），以踏实土壤，促根生长；对长势偏旺的麦田，可在起身初期喷洒化控剂，另外，可采用深中耕断根，控制麦苗过快生长。

图1-5　小麦镇压

（2）预防冻害。及时浇好拔节水，促穗大粒多，增强抗寒能力，特别是要密切关注天气变化，在降温之前及时灌水，防御冻害。寒流过后，及时检查幼穗受冻情况，发现幼穗受冻的麦田应及时追肥浇水。

（3）肥水后移。在小麦拔节期，结合灌水追施氮肥，每亩灌溉量以40~50米^{3}为宜。追氮量为总施氮量的40%~50%。但对于早春土壤偏旱且苗情长势偏弱的麦田，灌水施肥可提前至起身期。

（4）防治病虫害。在返青至抽穗期，重点防治小麦纹枯病、锈病、白粉病及吸浆虫、蚜虫和红蜘蛛。坚持以"预防为主，综合防治"为防治原则，按病虫害发生规律科学防治，对症适时用药。

3. 后期管理（抽穗至成熟）

（1）灌溉。一般不提倡浇灌浆水，严禁浇麦黄水。当土壤相对含水量低于60%，植株呈现旱象时进行灌水，每亩灌溉量以30~40米³为宜。灌溉应在花后15天以前完成，灌溉时应避开大风天气。

（2）叶面喷施氮肥。在灌浆前、中期，每亩用尿素0.5千克和磷酸二氢钾0.2千克对水30千克进行叶面喷肥（图1-6），促进籽粒氮素积累。叶面喷肥可与病虫害防治结合进行。

图1-6　叶面喷肥

（3）防治病虫害。在小麦抽穗至扬花期应对赤霉病进行重点防治。小麦齐穗期进行首次防治，若天气预报有3天以上连阴雨天气，应间隔5天再喷施一次。若喷药后24小时遇雨，应及时补喷。同时灌浆期应注意防治白粉病、锈病、叶枯病、黑胚病及蚜虫等，成熟期前20天内停止使用农药。

四、收获与贮藏

1. 单品种收获

抽齐穗后10~20天进行田间去杂，拔除杂草和异作物、异品种植株。当籽粒呈现品种固有色泽、含水量降至13%以下的完熟初期时，及时进行机械化收获（图1-7），收获前清净收割机内的异品种籽粒，并按同一品种连续作业，防止机械混杂。

图1-7 机械化收获小麦

2. 单品种晾晒

收获后单品种晾晒；禁止在公路上及粉尘污染的地方晾晒；晾晒时要经常翻动，使其晾晒均匀（图1-8）。

图1-8　晾晒小麦

3. 单品种贮藏

去净杂质，单品种专仓贮藏（图1-9）。在避光、常温、干燥、通风、清洁、无虫害和鼠害、有防潮设施的地方贮藏。

图1-9　专仓贮藏

第二章
小麦病害防治

一、小麦锈病

小麦锈病又叫黄疸病，是由柄锈属真菌侵染引起的一类病害，分条锈病、叶锈病和秆锈病3种。其中条锈病主要分布在华北、西北、淮北等北方冬麦区和西南的四川、重庆、云南；叶锈病主要分布在东北、华北、西北、西南小麦产区；秆锈病主要分布在华东沿海、长江流域中下游和南方冬麦区及东北、西北，尤其是内蒙古自治区等地的春麦区，以及云、贵、川西南的高山麦区。

（一）病害特征

1. 小麦条锈病特征

小麦条锈病是一种气传病害，病菌随气流长距离传播，可波及全国。该病菌主要为害小麦的叶片（图2-1、图2-2），也可为害叶鞘、茎秆和穗部。小麦感病后，初呈褪绿色的斑点，后在叶片的正面形成鲜黄色的粉疮（即夏孢子堆）。夏孢子堆较小，长椭圆形，在叶片上排列成虚线状，与叶脉平行，常几条结合在一起成片着生。到小麦接近成熟时，在叶鞘和叶片上长出黑色、狭长形、埋伏于表皮下面的条状疮斑的孢子，即病菌的冬孢子。条锈病主要在西北冷凉春麦区越夏，华北麦区侵染来源主要来自陇南、陇东、西南等夏孢子可以越冬的麦区。春季小麦锈病流行的条件：有一定数量的越冬菌源；有大面积感病品种；当地3—5月雨量较多，早春气温回升快，外来菌源多而早时，则小麦中后期突发流行，减产严重（图2-3、图2-4）。

图2-1 小麦条锈病初期症状

图2-2 小麦条锈病后期症状

图2-3 小麦条锈病大田初期症状

图2-4 小麦条锈病大田后期（流行）症状

2. 小麦叶锈病特征

小麦叶锈病分布于全国各地，发生较为普遍。叶锈病主要发生在叶片（图2-5、图2-6），也能侵害叶鞘。发病初期，受害叶片出现圆形或近圆形红褐色的夏孢子堆。夏孢子堆较小，一般在叶片正面不规则散生，极少能穿透叶片，待表皮破裂后，散出黄褐色粉状物。即夏孢子，后期在叶片背面和叶鞘上长出黑色阔椭圆形或长椭圆形、埋于表皮下的冬孢子堆。小麦叶锈病菌较耐高温，在自生小麦苗上发生越夏，秋播小麦出土后叶锈菌又从自生麦苗上转移到冬小麦麦苗上。播种较早，气温较高，利于叶锈病的生长，小麦发病受害重。播种较晚，气温较低，不能形成夏孢子堆，多以菌丝潜伏在麦叶内越冬。

图2-5　小麦叶锈病为害叶片　　　　图2-6　小麦叶锈病大田症状

3. 小麦秆锈病特征

小麦秆锈病分布于全国各地，病害流行年份，常来势凶猛、为害重，可在短期内引起较大损失，造成小麦严重减产。秆锈病（图2-7至图2-10）主要发生在小麦叶鞘、茎秆和叶鞘基部，严重时在麦穗的颖片和芒上也有发生，产生很多深红褐色、长椭圆形夏孢子堆，常散生，表皮破裂而外翻。小麦发育后期，在夏孢子堆或其附近产生黑色的冬孢子堆。小麦秆锈病的流行主要与品种、菌源基数、气象条件有关。该病菌在华北麦区不能越冬，春末夏初的致病菌原主要来自东南麦区。小麦的抽穗至乳熟期是秆锈菌夏孢子萌发和浸染的主要时期，并且这一时期的田间湿度是影响病害流行的关键因素。

图2-7 小麦秆锈病初期症状

图2-8 小麦秆锈病中期症状

图2-9 小麦秆锈病后期症状

图2-10 小麦秆锈病大田叶部脱肥症状

（二）发生规律

我国凡是有小麦种植的区域，都有一种或两三种锈病发生，广泛分布于各小麦产区。小麦条锈病病菌越冬的低温界限为最冷月份月均温-7～-6℃，如有积雪覆盖，即使低于-10℃仍能安全越冬。华北以石德线到山西介休、陕西黄陵一线为界，以北虽能越冬但越冬率很低，以南每年均能越冬且越冬率较高。黄河以南不仅能安全越冬且越冬叶位较高。再南到四川盆地、鄂北、豫南一带，冬季温暖，小麦叶片不停止生长，加上湿度较大，条锈病病菌持续逐代侵染，已不存在越冬问题。

条锈病病菌以夏孢子在以小麦为主的麦类作物上逐代侵染而完成周年循环。夏孢子在寄主叶片上，在适合的温度（14～17℃）和有水滴或水膜的条件下侵染小麦。3种锈病病菌的夏孢子在萌发和侵染上的共同点都是需要液态水，侵入率和侵入速度取决于露时和露温，露时越长，侵入率越高；露温越低，侵入所需露时越长。在侵染上的不同点主要是三者要求的温度不同，条锈病病菌最低，叶锈病病菌居中，秆锈病病菌最高。

条锈病病菌在小麦叶片组织内生长，潜育期长短因环境不同而异。当有效积温达到150～160℃时，便在叶面上产生夏孢子堆。每个夏孢子堆可持续产生夏孢子若干天，夏孢子繁殖很快。这些夏孢子可随风传播，甚至可被强大的气流带到1 500～4 300米的高空，吹送到几百甚至上千千米以外的地方而不失活性，进行再侵染。因此，条锈病病菌借助风力吹送，在高海拔冷凉地区晚熟春麦和晚熟冬麦自生麦苗上越夏，在低海拔温暖地区的冬麦上越冬，完成周年循环。

条锈病病菌在高海拔地区越夏的菌源及其邻近的早播秋苗菌源，借助秋季风力传播到冬麦地区进行为害。在陇东、陇南一带10月初就可见到病叶，黄河以北平原地区10月下旬以后可以见到病叶，淮北、豫南一带在11月以后可以见到病叶。在我国黄河、秦岭以南较温暖的地区，小麦条锈病病菌不须越冬，从秋季一直到小麦收获前，可以不断侵染和繁殖为害。但在黄河、秦岭以北冬季小麦生长停止地区，病菌在最冷月日均气温不低于-6℃，或有积雪不低于-10℃的地方，主要以潜育菌丝的状态在未冻死的麦叶组织内越冬，待翌年春季温度适合生长时，再繁殖扩大为害。

小麦条锈病在秋季或春季发病的轻重主要与夏、秋季和春季雨水的多少、越夏越冬的菌源量和感病品种的面积大小关系密切。一般来说，秋冬、春夏交替时雨水多，感病品种面积大，菌源量大，条锈病发生就重，反之则轻。

（三）防治方法

小麦条锈病的防治应贯彻"预防为主，综合防治"的植保方针，重点抓好应急防治。防治应做到准确监测，带药侦察，发现一点，控制一片，坚持点片防治与普治相结合，群防群治与统防统治相结合，把损失降到最低限度。

1. 农业防治

在锈病易发区，不宜过早播种；及时排灌，降低麦田湿度抑制病菌夏孢子萌发；清除自生、寄生苗，减少越夏菌源。合理施肥，避免氮肥施用过多过晚，增施磷钾肥，促进小麦生长发育，提高抗病能力。选用抗病丰产良种，做好抗锈品种的合理布局，切断菌源传播路线。

2. 种子处理

药剂拌种用99%天达恶霉灵2克加"天达2116"浸拌种型25克（1袋），对水2~3千克，均匀喷拌麦种50千克，晾干后播种，随拌随播，切勿闷种。还可兼防白粉病、全蚀病、根腐病、纹枯病和腥黑穗病等。

3.药剂防治

在小麦拔节至抽穗期，条锈病病叶率达到1%左右时，开始喷药，以后隔7～10天再喷1次。药剂可选用20%三唑酮乳油每亩30～50毫升，或15%三唑酮可湿性粉剂每亩75克，或12.5%烯唑醇可湿性粉剂每亩15～30克，对水50～60千克叶面喷雾。

二、小麦白粉病

小麦白粉病是在黄淮流域发生普遍的真菌性病害，近年来随着麦田肥水条件的改善及高产田群体密度加大，小麦白粉病发病逐年加重。

（一）病害特征

小麦白粉病自幼苗到抽穗后均可发病。主要为害小麦叶片（图2-11、图2-12），也为害茎（图2-13）、穗（图2-14）和芒。病部最先出现白色丝状霉斑，下部叶片比上部叶片多，叶片背面比正面多。中期病部表面附有一层白粉状霉层，一般叶正面病斑较叶背面多，下部叶片较上部叶片病害重，霉斑早期单独分散逐渐扩大联合，呈长椭圆形较大的霉斑，严重时可覆盖叶片大部，甚至全部，霉层厚度可达2毫米左右，并逐渐呈粉状。后期霉层逐渐由白色变为灰色，上生黑色颗粒。严重影响光合作用，使正常新陈代谢受到干扰，造成早衰，产量受到损失。

（二）发生规律

小麦白粉病流行的条件：在大面积种植感病品种基础上，4—5月气温在15～20℃、相对湿度在70%以上时；小麦生长旺盛，群体密度过大，植株幼嫩，抗病力低或者倒伏的麦田。病菌在黄淮平原麦区不能越夏，可在海拔500米以上山区的自生麦苗或春小麦上越夏为害，秋季随气流传播到平原冬麦区上发生为害。

图2-11 发病初期的独立病斑

图2-12 发病后期病斑相连布满叶片

图2-13 小麦白粉病病株

图2-14 小麦白粉病病穗

（三）防治方法

1. 农业防治

选用抗病丰产品种为主，百农207、矮抗58和丰德存5号等抗性较好；合理密植，适当晚播，氮磷钾配方合理施用，科学灌溉，适时排水，消灭初期侵染源。

2. 种子处理

可用15%三唑酮可湿性粉剂按种子重量0.12%拌种，控制苗期病情，减少越冬菌量，减轻发病为害，并能兼治散黑穗病。

3. 药剂防治

在小麦白粉病普遍率达10%或病情指数达5～8时，即应进行药剂防治。每亩用25%咪鲜胺乳油20毫升，或2%戊唑醇20毫升，或12.5烯唑醇20克，或20%三唑酮乳油20～30毫升，或15%三唑酮可湿性粉剂50～100克，对水50～60千克喷雾，或对水10～15千克低容量喷雾防治。

三、小麦根腐病

小麦根腐病又称小麦根腐叶斑病或黑胚病、青死病、青枯病等。全国各地麦区均有发生，是麦田常发病害之一。一般减产10%～30%，重者发病率20%～60%，或更多。

（一）病害特征

小麦整个生育期都可引发根腐病。幼苗（图2-15）染病后在芽鞘上产生黄褐色至褐黑色梭形斑，边缘清晰，中间稍褪色，扩展后引起种根基部、根间、分蘖节和茎基部变褐色腐烂，最后根系朽腐（图2-16），麦苗平铺在地上，下部叶片变黄，逐渐黄枯而亡。成株叶上病斑初期为梭形或椭圆形褐斑，扩大后呈椭圆形或不规则褐色大斑，病斑融合成大斑后枯死，严重的整叶枯死（图2-17）。叶鞘染病产生边缘不明显的云状块，与其连接叶片黄枯而死。叶鞘上病斑不规则，常形成大型云纹状浅褐色斑，扩大后整个小穗变褐枯死并产生黑霉。病小穗不能结实，或虽结实但种子带病，种胚变黑（图2-18）。黑胚病不仅会降低种子发芽率，而且会对小麦制品颜色等产生一定影响。

图2-15　小麦根腐病苗期症状

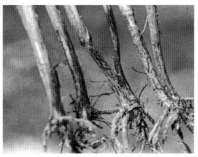

图2-16　小麦根腐病后期症状

图2-17　小麦根腐病中后期叶部症状

图2-18　小麦根腐病茎基部与
　　　　穗部症状

（二）发生规律

小麦根腐病是真菌性病害，病菌以菌丝体和厚垣孢子在小麦、大麦、黑麦、燕麦、多种禾本科杂草的病残体和土壤中越冬，翌年成为小麦根腐病的初侵染源。发病后病菌产生的分生孢子再借助于气流、雨水、轮作、感病种子传播，该菌在土壤中存活2年以上。根腐病的流行程度与菌源数量、栽培管理措施、气象条件和寄主抗病性等因素有关。生产上播种带菌种子可导致苗期发病。幼苗受害程度随种子带菌量增加而加重，侵染源多则发病重。耕作粗放、土壤板结、播种覆土过后、春麦区播种过迟、冬麦区过早以及小麦连作、种子带菌、田间杂草多、地下害虫引起根部损伤均会引起根腐病。麦田缺氧、植株早衰或叶片叶龄期长，小麦抗病力下降，则发病重。麦田土壤温度低或土壤湿度过低或过高易发病，土质瘠薄，抗病力下降及播种过早或过深发病重。小麦抽穗后出现高温、多雨的潮湿气候，病害发生程度明显加重。栽培中高氮肥和频繁的灌溉方式，亦会加重该病的发生。

（三）防治方法

1. 农业防治

与油菜、亚麻、马铃薯及豆科植物轮作换茬；适时早播、浅播，合理密植；中耕除草，防治苗期地下害虫；平衡施肥，施足基肥，及时追肥，不要偏施氮肥；灌浆期合理灌溉，降低田间湿度；选用抗病耐病丰产品种。

2. 种子处理

播种前可用50%扑海因可湿性粉剂或75%卫福合剂、58%倍得可湿性粉剂、70%代森锰锌可湿性粉剂、50%福美双可湿性粉剂、20%三唑酮乳油，按种子重量的0.2%～0.3%拌种，防效可达60%以上。

3. 药剂防治

返青至拔节期喷洒25%敌力脱乳油4 000倍液，或每亩用50%福美双可湿性粉剂100克或50%氯溴异氰尿酸水溶性粉剂60克，对水75千克喷洒。在小麦灌浆初期用25%敌力脱50毫升/

亩，或25%嘧菌酯20克/亩、5%烯肟菌胺80毫升/亩，或12.5%腈菌唑60毫升/亩加水30~50千克均匀喷雾。

四、小麦纹枯病

小麦纹枯病在黄淮麦区发生普遍，且为害严重。

（一）病害特征

小麦纹枯病主要发生在小麦茎秆和叶鞘上，发病初期，在近地表的叶鞘上产生周围褐色、中央淡褐色至灰白色的梭形病斑，后逐渐扩展至茎秆叶鞘上（侵茎）且颜色变深，形成云纹状花纹，病斑无规则，严重时可包围全叶鞘，使叶鞘及叶片早枯（图2-19）；重病株茎基1~2节变黑甚至腐烂、烂茎抽不出穗而形成枯孕穗或抽后形成白穗（图2-20），结实少，籽粒秕瘦。小麦生长中后期，叶鞘上的病斑有时常可见到一些白色菌丝状物，空气潮湿时上面初期散生土黄色至黄褐色霉状小团，后逐渐变褐；形成圆形或近圆形颗粒状物，即病菌的菌核。

图2-19　小麦纹枯病中部叶鞘症状　　图2-20　小麦纹枯病后期白穗症状

（二）发生规律

小麦纹枯病是真菌性病害，以菌核附着在植株病残体上或落入土中越夏或越冬，成为初侵染的主要来源。被害植株上菌丝伸出寄主表面，对邻近麦株蔓延进行再侵染。小麦播种早、播量大、氮肥多、长势旺，浇水多或阴雨天气造成湿度大，有利于病害的发生。主要引起穗粒数减少，千粒重降低，还引起倒伏。一般病田减产10%左右，严重时减产30%～40%。

（三）防治方法

1. 农业防治

适期适时适量播种；增施有机肥，氮磷钾肥配方使用；实行合理轮作，减少传播病菌源基数；合理灌水，及时中耕，降低田间湿度，促使麦苗健壮生长和增强抗病能力；选用抗病和耐病品种。

2. 种子处理

选用有效药剂包衣（或拌种），可用2.5%咯菌腈悬浮种衣剂10～20毫升或2%戊唑醇10～20克拌种10千克；或用10%羟锈宁粉剂按种子量的0.3%拌种。

3. 药剂防治

小麦返青后病株率达5%～10%（一般在3月中旬前后）喷药，在纹枯病发生地区或重发生年份，每亩用70%甲基硫菌灵粉剂70～100克，或20%三唑酮乳油30～50毫升，或12.5%烯唑醇可湿性粉剂30～40克，或24%噻呋酰胺悬浮剂20毫升对水50～60千克喷雾，或20%丙环唑乳油1 000～1 500倍液喷雾（注意尽量将药液喷到麦株茎基部）；第二次用药在第一次用药后15天左右施用，可有效防治本病。或用氯溴异氰尿酸、戊唑醇、已唑醇等防治。

五、小麦全蚀病

（一）病害特征

小麦全蚀病主要为害小麦根部和茎秆基部（图2-21、图2-22）。此病一旦发生，蔓延速度较快，一般一块地从零星发生到成片死亡，只需3年，发病地块有效穗数、穗粒数及千粒重降低，造成严重的产量损失（图2-23），一般减产10%～20%，重者达50%以上，甚至绝收，是一种毁灭性病害。

该病幼苗期病原菌主要侵染种子根、地下茎，使之变黑腐烂，称为"黑根"（图2-24），部分次生根也受害；病苗基部叶片黄化，分蘖减少，生长衰弱，严重时死亡。拔节后根部变黑腐烂，茎基部1～2节叶鞘内侧和茎秆表面布满黑褐色菌丝层。抽穗灌浆期，茎基部明显变黑腐烂，形成典型的"黑脚"症状，病部叶鞘容易剥离，叶鞘内侧与茎基部的表面形成"黑膏药"状的菌丝层。田间病株成簇或点片状分布。

图2-21　小麦全蚀病根部症状　　图2-22　小麦全蚀病茎基部症状

图2-23　小麦全蚀病白穗症状　　　图2-24　小麦全蚀病黑根症状

（二）发生规律

该病是真菌性病害，病菌是一种土壤寄居菌，在土壤中存活1～5年不等，是一种土传病害。施用带有病残体的未腐熟的粪肥、水流可传播病害，多雨，高温，地势低洼麦田发病重。早播、冬春低温以及土质疏松、瘠薄、碱性、有机质少，缺磷、缺氮的麦田发病均重。有病害上升期、高峰期、下降期和控制期等明显的不同阶段，只要病害到达高峰后，一般经1～2年后病害自然就得到控制，出现自然衰退现象的原因与土壤中拮抗微生物群逐年得到发展有关。

（三）防治方法

1. 植物检疫

保护无病区，控制初发病区，治理老病区：无病区严禁从病区调运种子，不用病区麦秸作包装材料外运。

2. 农业措施

①合理轮作，因地制宜，实行小麦与棉花、薯类、花生、豌豆、大蒜、油菜等非寄主作物轮作1～2年。②增施有机肥，磷肥，促进拮抗微生物的发育，减少土壤表层菌源数量；深耕细

耙，及时中耕灌排水。③选用抗病耐病品种。

3. 药剂防治

①种子包衣：用12.5%硅噻菌胺按种子重量20毫升拌种10千克，或3%敌萎丹种衣剂50～100毫升加2.5%咯菌腈悬浮种衣剂10～20毫升种衣剂按10～20毫升包衣种子10千克。②喷药防治：在小麦拔节期间，每亩用20%三唑酮乳油100～150毫升，对水50～60千克喷淋小麦茎基部，或用敌力脱、烯唑醇、菌霉净、羟锈宁等喷浇，防治小麦全蚀病。

六、小麦孢囊线虫病

（一）病害特征

小麦孢囊线虫病在各麦区分布较普遍，对作物产量所造成的损失非常严重，一般产量损失为20%～30%，发病严重地块减产可达70%，直至绝收。该病是燕麦孢囊线虫侵染而起，在田间分布不均匀，常成团发生。苗期受害小麦幼苗矮黄，由下向上发展，叶片逐渐发黄，最后枯死，类似缺肥症；根部症状是根尖生长受抑，从而造成多重分根和肿胀，次生根增多、分叉，多而短，丝结成乱麻状（图2-25），受害根部可见附着柠檬形孢囊，开始灰白，后变为褐色。返青拔节期病株生长势弱，明显矮于健株（图2-26），根部有大量根结。灌浆期小麦群体常现绿中加黄，高矮相间的山丘状，根部可见大量线虫白色孢囊（大小如针尖），成穗少、穗小粒少，产量低。

（二）发生规律

小麦孢囊线虫以孢囊内卵和幼虫在土壤中越冬或越夏，土壤传播是其主要途径。农机具、人畜活动、水流、种子均可传播；甚至大风刮起的尘土也是远距离传播的主要途径。在小麦苗期，天气凉爽、土壤湿润，幼虫能够尽快孵化并向植物根部移动，就会造成为害严重；一般在砂壤土或砂土中为害严重，黏重土壤中为害较轻；土壤水肥条件好的地块，小麦生长健壮，为害较轻；土壤肥水状况差的地块，为害较重。

图2-25　小麦孢囊线虫病病株与健株　　图2-26　小麦孢囊线虫病大田症状

（三）防治方法

1. 农业防治

此病属局部发生，应避免从病区调种，防止种子中的带病土块扩散蔓延，病区应选用抗、耐病品种；合理轮作，如小麦与非寄主作物（豆科植物）进行2~3年轮作，可有效减轻病害损失；有条件麦区可实行小麦——水稻轮作，对该病防治效果更好；冬麦区适当早播或春麦区适当晚播，避开线虫的孵化高峰，减少侵染概率；加强水肥管理，增施肥料，增施腐熟有机肥，促进小麦生长，提高抗逆能力。

2. 药剂防治

播种期用乙基硫环磷按种子的0.5%拌种，或每亩用10%克线磷颗粒剂1千克，15%涕灭威颗粒剂0.5千克，线敌颗粒剂1.5千克等，播种时沟施。

七、小麦茎基腐病

（一）病害特征

小麦茎基腐病在幼芽、幼苗、成株根系、茎叶和穗部均可受害，以根部受害最重，是近几年新发生病害之一。播种后种子受害，幼芽鞘受害成褐色斑痕，严重时腐烂死亡。苗期受害根部产生褐色或黑色病斑（图2-27）。成株期受害植株茎基部出现褐色条斑，严重时茎折断枯死，或虽直立不倒，但提前枯死，枯死植株青灰色，白穗不实，俗称"青死病"（图2-28、图2-29），人工拔时茎基部易折断，拔起病株可见根毛和主根表皮脱落，根冠部变黑并黏附土粒。叶片上病斑初为梭形小斑，后扩大成长圆形或不规则形斑块，边缘不规则，中央浅褐色至枯黄色，周围深绿色，有时有褪绿晕圈（图2-30）。穗部发病在颖壳基部形成水浸状斑，后变褐色，表面敷生黑色霉层，穗轴和小穗轴也常变褐腐烂，小穗不实或种子不饱满，在高温条件下，穗颈变褐腐烂，使全穗枯死或掉穗（图2-31、图2-32）。麦芒发病后，产生局部褐色病斑，病斑部位以上的一段芒干枯。种子被侵染后，胚全部或局部变褐色，种子表面也可产生梭形或不规则形暗褐色病斑。

图2-27 小麦茎基腐病苗
期茎基部症状

图2-28 小麦茎基腐病后
期茎基部症状

图2-29 小麦茎基腐病根部典型症状

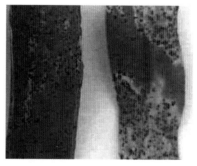

图2-30 小麦茎基腐病叶部症状

图2-31 小麦茎基腐病白穗症状

图2-32 小麦茎基腐病麦穗重度症状

（二）发生规律

小麦茎基腐病是真菌性病害，病菌主要以菌丝体潜伏在种子内和病残体中越夏、越冬，小麦播种后，种子和土壤中的病菌侵染幼芽和幼苗，造成芽腐和苗腐。分生孢子可随气流或雨滴飞溅传播，侵染麦株地上部位。生育后期高温多雨，可大流行。田间病残体多，腐解慢，病菌数量就多，发病重。连作麦田，发病较重。幼苗出土慢，发病重。土温20℃以上，高湿，有利发病。土质贫瘠、水肥不足易发病。小麦遭受冻害、旱害或涝害，可加重病害发生。

（三）防治方法

1. 农业防治

因地制宜选用抗病、耐病品种、选无病种子。适期早播、浅播，避免在土壤过湿、过干条件下播种。增施有机肥、磷钾肥，返青时追施适量速效性氮肥。合理排灌，防止小麦长期过旱过涝，越冬期注意防冻。勤中耕，清除田间禾本科杂草。麦收后及时翻耕灭茬，促进病残体腐烂。秸秆还田后要翻耕，埋入地下。与非禾本科作物轮作，避免或减少连作。

2. 种子处理

播种前进行药剂拌种，药剂可以选用2.5%咯菌腈、12.5%烯唑醇乳油，或50%代森锰锌可湿性粉剂，或50%多菌灵可湿性粉剂，或50%福美双可湿性粉剂，用量为种子重量的0.2%～0.3%。

3. 药剂防治

发病初期喷洒50%福美双可湿性粉剂500倍液，或20%三唑酮乳油2 000倍液，或15%三唑醇可湿性粉剂2 000倍液，或70%甲基

硫菌灵可湿性粉剂或70%代森锰锌可湿性粉剂500倍液喷雾。或每亩用量为50%氯溴异氰尿酸可湿性粉剂50～60克对水喷雾。7～10天后再喷1次。

表2-1　小麦根部病害症状比较

病害	典型特征	基部叶鞘	根部	茎基部
纹枯病	叶鞘上出现云纹病斑，后期造成枯白穗	出现中间灰白、边缘褐色的云纹病斑	正常，白色，易拔出	严重时侵入茎秆，形成近圆形眼斑，不腐烂
全蚀病	茎基部表面呈"黑脚"状，后期造成枯白穗	叶鞘内侧黑褐色菌丝层	变黑色，能拔出	表面变黑，不腐烂
根腐病	根基部、根间、分蘖节和茎基部变褐色腐烂。出现"青死"白穗	叶鞘边缘不明显的黄褐色云状病斑	变褐色，能拔出	出现褐色条斑梭形斑
茎基腐病	茎基部和根变褐色，后期造成枯白穗	病斑不规则形，浅黄至黄褐色	变褐色，从土中拔出时，根毛和主根表皮脱落，易在茎基腐烂处撕断	出现褐色条斑，易折断

八、小麦土传花叶病

（一）病害特征

小麦土传花叶病是由土壤中的禾谷多黏菌传播的病毒病，主要为害冬小麦的叶片（图2-33），黄淮河流域均有发生。严重的产量损失可达30%~70%。该病多发生在生长前期侵染麦苗，表现斑驳不明显。翌春，新生小麦叶片症状逐渐明显，出现长短和宽窄不一的深绿和浅绿相间的条状斑块或条状斑纹（褪绿条纹）（图2-34）。病株一般较正常植株矮，有些品种产生过多的分蘖，形成丛矮症，绿色花叶株系，褪绿条纹，黄色花叶株系等，病株穗小粒少，但多不矮化。

图2-33　小麦土传花叶病病叶　　　图2-34　小麦土传花叶病病株

（二）发生规律

小麦土传花叶病毒主要由土壤中的禾谷多黏菌传播，是一种小麦根部的专性弱寄生菌，本身不会对小麦造成明显为害。禾谷多黏菌产生游动孢子，侵染麦苗根部，病毒随之侵入根部进行增殖，根部细胞中带有大量病毒粒体，并向上扩展，翌春表现症状。小麦土传花叶病毒是土壤带菌，主要靠病土、病根残体、病田水流传播，也可经汁液摩擦接种传播。一般先出现小面积病区，以后面积逐渐增大。病毒能随其休眠孢子在土中存活10年以上。播种早发病重，播种迟发病轻。

（三）防治方法

1. 农业防治

合理轮作，与豆科、薯类、花生等进行两年以上轮作；调节播种期；加强肥水管理，施用农家肥要充分腐熟；提倡施用酵素菌沤制的堆肥；合理灌溉，严禁大水漫灌，雨后及时排水；禁止多黏菌的病土扩大传病。

2. 土壤处理

零星发病区采用土壤灭菌法每亩用60～90毫升溴甲烷·二溴乙烷处理土壤，或用40～60℃高温处理15厘米深土壤10～20分钟；选用抗病或耐病的品种，也可在耕地前每亩地撒施多菌灵或五氯硝基苯酚等杀菌剂10千克左右。重病地块小麦播种前采用焦木酸原液或1：4的稀释液处理土壤，这种方法不但对灭菌有效，还有抑制杂草的作用；利用石灰氮作肥料对防治本病有显著效果。

3. 药剂防治

喷药时应先对发病（点）区封锁，再向四周喷药保护。每亩选用5%盐酸吗啉胍300～400克，或20%吗啉乙酮30～50克，或10%乙唑醇乳油30～50毫升对水30～45千克，视病情发展情况，间隔7～10天施药一次，连防2～3次。

九、小麦丛矮病

小麦丛矮病，俗称坐坡、小老苗、小蘖病，是由北方禾谷花叶病毒引起的病毒病，由灰飞虱传播。

（一）病害特征

丛矮病在北方麦区普遍发生（图2-35），轻病田减产1~2成，重病田减产5成以上，甚至绝收。感病植株分蘖增多，明显矮化（图2-36），上部叶片从叶基部开始出现叶脉间褪绿，逐渐向叶尖扩展，形成不受叶脉限制的黄绿相间的条纹（图2-37）。心叶不伸展，不抽穗。秋苗发病重的植株不能越冬。拔节后感病的植株只有上部叶片有黄绿相间的条纹，能抽穗，但籽粒秕瘦。

图2-35　小麦丛矮病田间症状

图2-36　小麦丛矮病矮化株

图2-37　小麦丛矮病叶片条纹

（二）发生规律

小麦丛矮病由灰飞虱（图2-38）传播，灰飞虱刺吸带毒寄主后，可终生带毒。小麦出苗后，带毒灰飞虱由越夏寄主迁入麦田，刺吸麦苗传毒，造成秋苗发病。带毒灰飞虱在小麦、杂草根际或土缝中越冬，次年在麦田继续传播为害。小麦成熟后，灰飞虱迁至自生麦苗、禾本科杂草等寄主上越夏。该病害在邻近杂草地或靠近水渠草多的麦田发生重。小麦播种早，发病重；侵染越早，受害越重；秋季温度偏高，灰飞虱的活动时期长，有利于发病。

图2-38　灰飞虱

（三）防治方法

1. 农业措施

适期晚播，播种前将田间和田边杂草彻底清除。

2. 种子处理

70%吡虫啉可湿性粉剂30克，对水700毫升，拌种10千克。

3. 药剂防治

每亩用10%吡虫啉可湿性粉剂2 000倍液或5%氟虫腈悬浮剂1 000倍液，或25%速灭威可湿性粉剂150克，或25%噻嗪酮可湿性粉剂25～30克，对水30千克全田喷雾防治灰飞虱，或在地头喷5～7米药带阻止灰飞虱侵入麦田。

十、小麦黄矮病

（一）病害特征

小麦从幼苗到成株期均能感小麦黄矮病，这是由小麦蚜虫传染的一种病毒病。在我国冬春麦区都有不同程度的发生，感病小麦整株发病，黄化矮缩，流行年份可减产20%～30%，严重时减产50%以上。苗期感病时，叶片失绿变黄，病株矮化严重，其高度只有健株的1/3～1/2（图2-39）。被侵染的病苗根系浅、分蘖少，上部幼嫩叶片从叶尖开始发黄，逐渐向下扩展，使叶片中部也发黄，呈亮黄色，有光泽，叶脉间有黄色条纹。病叶较厚、较硬，叶背蜡质较多。拔节期被侵染的植株，只有中部以上叶片发病，病叶也是先从叶尖开始变黄，通常变黄部分仅达叶片的1/3～1/2处，病叶亮黄色，变厚、变硬（图2-40）。有的病叶叶脉仍为绿色，因而出现黄绿相间的条纹。后期全叶干枯，有的变为白色，多不下垂。病株，矮化现象不是很明显，但秕穗率增加，千粒重降低。穗期感病的麦株仅旗叶发黄，症状同上。个别品种染病后，叶片变紫。

图2-39　小麦黄矮病病株与健株

图2-40　小麦黄矮病症状

（二）发生规律

小麦黄矮病由传毒麦蚜（图2-41）为害麦苗感病。冬季以若虫、成虫或卵在麦苗、杂草的基部或根际越冬。翌年春季为害和传毒，因此春秋两季是黄矮病传播和侵染的主要时期，春季更是黄矮病的主要流行时期。

图2-41　小麦黄矮病传毒蚜虫

（三）防治方法

1. 农业防治

选用抗病、耐病品种；加强栽培管理，增施有机肥，扩大水浇面积，创造不利于蚜虫繁殖的生态环境，冬麦区避免过早、过迟播种；清除田间杂草，减少毒源寄主。

2. 种子处理

每50千克麦种用40%甲基异柳磷乳油100～150克，加水3～4L拌种，拌种后堆闷12小时，残效期达40天左右。拌种地块冬前一般不治蚜。

3. 药剂防治

根据虫情调查结果决定，一般在10月下旬至11月中旬喷一次药，以防治麦蚜在田间蔓延、扩散，减少越冬虫源基数。返青到拔节期防治1～2次，就能控制麦蚜与黄矮病的流行。药剂种类和使用浓度为：50%灭蚜松乳油1 000～1 500倍液；40%氧化乐果乳油1 000～1 500倍液；10%吡虫啉可湿性粉剂2 000～3 000倍液，还可采用25%快杀灵乳油、辉丰菊酯等。当蚜虫和黄矮病混合发生时，应采用治蚜、防治病毒病和健身管理相结合的综合措施。将杀蚜剂、防治病毒剂（病毒A、植病灵、菌毒清任意一种）和叶面肥、植物生长调节剂（如天丰素、旱地龙等）按适当比例混合喷雾，将收到比较好的效果。

十一、小麦赤霉病

（一）病害特征

小麦赤霉病（图2-42至图2-44）可以侵染小麦的各个部位，

自幼苗至抽穗期均可发生，引起苗枯、茎腐和穗腐等。大流行年份病穗率达50%～100%，减产10%～40%。该病菌的代谢产物含有毒素，人畜食用后还会中毒。赤霉病最初在小穗颖片上出现水浸状病斑，逐渐扩大至整个小穗和穗子，严重时整个小穗或穗子后期全部枯死，受感染的穗子呈灰褐色。气候潮湿时，感病小穗的基部产生粉红色胶质霉层，为病菌的分生孢子座和分生孢子。后期穗部产生煤屑状黑色颗粒。黑色颗粒是病菌的子囊壳。在幼苗的芽鞘和根鞘上呈黄褐色水浸状腐烂，严重时全苗枯死，病残苗上有粉红色菌丝体。发病初期，茎基部呈褐色，后变软腐烂，植株枯萎，在病部产生粉红色霉层。

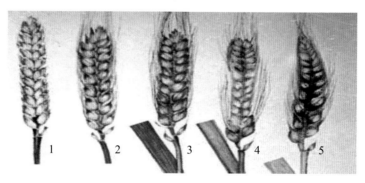

1.健穗；2.初期病穗；3～5.病害在麦穗上的发展情况

图2-42　小麦健穗和赤霉病病穗

图2-43　小麦赤霉病病穗

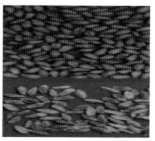

图2-44　小麦赤霉病病粒

（二）发生规律

小麦赤霉病是真菌性病害，病菌主要以菌丝体潜伏在稻茬、玉米秆等残株及小麦种子上。一般因初侵染菌源量大，小麦抽穗扬花期间降雨多，湿度大，病害就可流行；或地势低洼、土壤黏重、排水不良的麦田湿度大，也有利于该病的发生。小麦抽穗扬花期气温在15℃以上，连续阴雨3天以上，或重雾、重露造成田间湿度大，就有严重发生的可能；小麦抽穗后15~20天内，阴雨日天数超过50%，病害就可能流行，超过70%就可能大流行，40%以下为轻发生年。

（三）防治方法

1. 农业防治

适时播种，合理施肥；深耕灭茬，消灭菌源；合理灌排、降低田间湿度；选用抗病耐病品种；合理密植和控制适宜群体密度，提高和改善麦田通风透光条件。

2. 种子处理

在播种前进行种衣剂包衣或用拌种，按种子量的3%药量与种子混拌均匀。

3. 药剂防治

小麦赤霉病重在预防，治疗效果较差。防治重点是在小麦扬花期预防穗腐发生。在始花期喷洒，要在小麦齐穗扬花初期（扬花株率5%~10%）用药。药剂防治应选择渗透性、耐雨水冲刷性和持效性较好的农药，每亩可选用25%氰烯菌酯悬浮剂100~200毫升，或40%戊唑·咪鲜胺水乳剂20~25毫升，或28%烯肟·多菌灵可湿性粉剂50~95克，对水30~45千克细雾喷施。视天气情况、品种特性和生育期早晚再隔7天左右喷第二次药，注意交替轮换用药。此外小麦生长的中后期赤霉病、麦蚜、黏虫混发区，亩用40%毒死蜱30毫升或10%抗蚜威10克加40%禾枯灵100克或60%防霉宝70克加磷酸二氢钾150克或尿素、丰产素等，防效优异。喷药时期如遇阴雨连绵或时晴时雨，必须抢在雨前或雨停间隙露水干后抢时喷药；如果连阴有雨，下小雨可以喷药，但应加大10%的用药量。喷药后遇雨可隔5～7天再喷1次，以提高防治效果，喷药时要重点对准小麦穗部，均匀喷雾。

十二、小麦黑穗病

（一）病害特征

1.小麦腥黑穗病病害特征

小麦腥黑穗病为光腥黑穗病和网腥黑穗病，前者除侵害小麦外还侵害黑麦，后者仅侵害小麦，全国各地都有发生，小麦腥黑穗病主要为害穗部（图2-45至图2-48），一般病株较矮，分蘖较多，病穗稍短且直，颜色较深，初为灰绿，后为灰白或灰黄。颖壳麦芒外张，露出全部或部分病粒（菌瘿）。病粒较健粒短粗，初为暗绿，后变灰黑，外包一层灰包膜，内部充满黑色粉末（病菌厚垣孢子），破裂散出含有三甲胺鱼腥味的气体，故称腥黑穗病，病菌孢子含有毒物质三甲胺，面粉不能食用，如将混有大量菌瘿和孢子的麦粒作饲料，会引起家禽和牲畜中毒。腥黑穗病菌以厚垣孢子附在种子外表或混入粪肥、土壤中越冬或越夏。种子发芽时，病菌从芽鞘侵入麦苗并到达生长点，后以菌丝体形态随小麦而发育，到孕穗期，侵入子房，破坏花器，抽穗时在麦粒内形成菌瘿即病原菌的厚垣孢子。

图2-45　小麦腥黑穗病初期病穗症状

图2-46　小麦腥黑穗病后期病穗症状

图2-47　小麦腥黑穗病病穗

图2-48　小麦腥黑穗病病粒

2. 小麦散黑穗病病害特征

　　小麦散黑穗病在我国各麦区都有发病，主要为害穗部（图2-49、图2-50），茎和叶等部分也可发生。感病病株抽穗略早于健株，初期病穗外包有一层浅灰色薄膜，小穗全被病菌破坏，种皮、颖片、子房变为黑粉，有时只有下部小穗发病而上部小穗能结实；病穗抽出后，随后表皮破裂，黑粉散出，最后残留一条弯曲的穗轴。病菌在花期侵染健穗，当年不表现症状，次年发病，并侵入第二年的种子潜伏，完成侵染循环。

图2-49 小麦散黑穗病穗部症状　　图2-50 小麦散黑穗病大田症状

3. 小麦秆黑粉病病害特征

　　小麦秆黑粉病主要发生在小麦的茎秆、叶和叶鞘上，极少数发生在颖或种子上（图2-51至图2-54）。常出现与叶脉平行的条纹状孢子堆。孢子堆略隆起，初白色，后变灰白色至黑色，病组织老熟后，孢子堆破裂，散出黑色粉末，即冬孢子。病株多矮化、畸形或卷曲，多数病株不能抽穗而卷曲在叶鞘内，或抽出畸形穗。病株分蘖多，有时无效分蘖可达百余个。该病以土壤传播为主，种子、粪肥也能传播，在种子萌发期侵染。

图2-51 小麦秆黑粉病病叶　　图2-52 小麦秆黑粉病病秆

图2-53 小麦秆黑粉病病穗　　　图2-54 小麦秆黑粉病病株

（二）发生规律

小麦黑穗病是真菌性病害，常见的有小麦腥黑穗病、小麦散黑穗病和小麦秆黑粉病，其共同特点是病菌一年只侵染一次，为系统侵染性病害。

（三）防治方法

1. 农业防治

及时清除田间病株残茬，减少传播菌源；播种不宜过深；秋种时要深耕多耙，施用腐熟肥料，增施有机肥，测土配方施肥，适期、精量播种，足墒下种，培育壮苗越冬，增强作物抗逆力，以减轻病虫为害；选用耐病抗病品种。

2. 温汤浸种

温汤浸种有变温浸种和恒温浸种，变温浸种是先将麦种用冷水预浸4~6小时，捞出后用52~55℃温水浸1~2分钟，再捞出放入56℃温水中，使水温降至55℃浸3分钟，随即迅速捞出冷却晾干播种。恒温浸种是把麦种置于50 ~ 55℃热水中，立刻搅拌，使水温迅速稳定至45℃，浸3小时后捞出，移入冷水中冷却，晾干后播种。

3. 石灰水浸种

用优质生石灰0.5千克，溶在50千克水中，滤去渣滓后静浸选好的麦种30千克，要求水面高出种子10 ~ 15厘米，种子厚度不超过66厘米，浸泡时间气温20℃浸3 ~ 5天，气温25℃浸2 ~ 3天，30℃浸1天即可，浸种以后不再用清水冲洗，摊开晾干后即可播种。

4. 药剂拌种

用6%戊唑醇悬浮种衣剂按种子量的0.03% ~ 0.05%（有效成分），或用种子重量0.08% ~ 0.1%的20%三唑酮乳油拌种。也可用40%拌种双可湿性粉剂0.1千克，或用50%多菌灵可湿性粉剂0.1千克，对水5千克，拌麦种50千克，拌后堆闷6小时。也可用种子重量0.2%拌种双、或福美双、或多菌灵、或甲基硫菌灵等药剂拌种和闷种，都有较好的防治效果。

十三、冻害

（一）病害特征

小麦冻害是指麦田经历连续低温或短时极端低温天气而导致的小麦生长停滞。发生冻害较轻的麦田，一般表现为叶片或叶尖呈现出水烫样硬脆（图2-55），小麦主茎及大分蘖虽仍能抽穗和结实，但抽出的部分小穗死亡，穗粒数明显减少。冻害较重的麦田，除叶片或叶尖受冻青枯外，小麦主茎及大分蘖的幼穗大部分死亡，即使能抽出穗，也仅剩穗轴，穗数和穗粒数都明显减少，对小麦产量影响极大（图2-56）。

图2-55　小麦叶片呈现水烫样硬脆　　　图2-56　受冻后叶片大量死亡

（二）发生规律

小麦生长的各个时期发生的冻害表现和影响程度有差别。越冬期间因持续低温，在弱苗田、旺长田也能发生冻害，主要表现为叶尖或部分叶片发黄，通常对小麦影响较小。返青至拔节期间因小麦已经开始生长发育，遭遇寒流时发生的早春冻害对小麦影响较大，轻者表现为叶尖褪绿、发黄，叶片扭曲、皱缩、卷起；重者，尤其是心叶冻干1厘米以上时，易造成幼穗死亡，或影响穗轴伸长，形成"大头穗"（图2-57）。小麦拔节至抽穗期间，因小麦已进入旺盛生长期，抗寒力很弱，对低温极为敏感，一旦遭遇气温突然下降，极易形成晚霜冻冻害，也是损失最大的冻害类型。晚霜冻发生后，一般外部症状不明显，主要是主茎和大分蘖幼穗受冻，最后表现为幼穗干死于旗叶叶鞘内而不能抽出（图2-58），或抽出的小穗全部发白枯死，部分小穗死亡形成半截穗（残穗），冻害严重时小麦茎秆也会受冻死亡。

图2-57　受冻后形成的"大头穗"　　　图2-58　受冻后不能抽穗

（三）防治方法

在冻害防范上，可以采取选用适宜品种、适期适量播种、加强管理等措施，提高小麦抗逆能力。低温来临前，采取喷洒植物调节剂、烟熏等措施，避免或减轻冻害。发生冻害后，及时采取灌水、追肥等措施，以缓解冻害。尤其是干旱年份发生晚霜冻后，要及时浇透水，并补施氮肥，促进小麦快速恢复生长。

对于肥力较差的田块在土壤解冻后，每亩以沟施方式追施尿素5千克+磷酸二铵2千克，增加营养。在小麦返青拔节期，结合浇拔节水每亩追施尿素10千克+喷施400克磷酸二氢钾。早春及早划锄，提高地温，促进麦苗返青，提高分蘖抽穗率。加强中后期肥水管理，防止早衰。

第三章
小麦虫害防治

一、小麦黏虫

（一）为害特征

小麦黏虫属鳞翅目，夜蛾科。我国除新疆维吾尔自治区未见报道外，遍布各地。主要为害麦类、稻、粟、玉米等禾谷类粮食作物及棉花、豆类、蔬菜等多种植物。以幼虫啃食麦叶而影响小麦产量，大发生时可将作物叶片全部食光，造成严重损失（图3-1、图3-2）。具群聚性、迁飞性、杂食性、暴食性，为主要农业害虫之一。

（二）形态特征

黏虫（图3-3）成虫体长15～17毫米，老熟幼虫体长38毫米左右，以幼虫啃食麦叶而影响小麦产量。幼虫体色由淡绿至浓黑，常因食料和环境不同而变化甚大；在大发生时背面常呈黑色，腹面淡污色，背中线白色，亚背线与气门上线之间稍带蓝色，气门线与气门下线之间粉红色至灰白色。

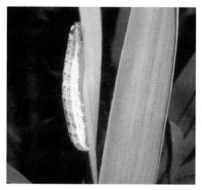

图3-1　黏虫为害小麦叶

图3-2　黏虫为害麦穗

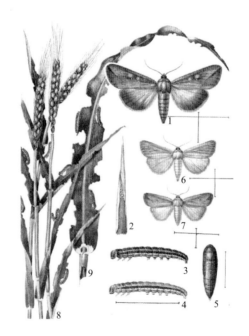

1.成虫；2.卵；3、4.幼虫；5.蛹；6、7雌雄成虫；8、9.被害状

图3-3　黏虫

（三）防治方法

每年发生世代数各地不一，东北、内蒙古自治区2~3代，华北中南部3~4代，黄淮流域4~5代，长江流域5~6代，华南6~8代。第一代幼虫多发生在4—5月，主要为害小麦。

（四）防治方法

1. 诱杀成虫

（1）利用成虫多在禾谷类作物叶上产卵习性，自成虫开始产卵起至产卵盛期末止，在麦田插谷草把或稻草把，每亩地插10把，把顶应高出麦株15厘米左右，每5天更换新草把，把换下的草把集中烧毁。

（2）生物诱杀成虫，利用成虫交配产卵前需要采食以补充能量的生物习性，采用具有其成虫喜欢气味（如性引诱剂等）配比出来的诱饵，配合少量杀虫剂诱杀成虫。可以减少90%以上的化学农药使用量，大量诱杀成虫能大大减少落卵量及幼虫为害。只需80~100米喷洒一行，大幅减少人工成本，同时减少化学农药对食品以及环境的影响。此外也可用糖醋盆、黑光灯等诱杀成虫，这些措施都能有效降低虫口密度，减少虫卵基数。

2. 药剂防治

根据实际调查及预测预报，掌握在幼虫3龄前及时喷撒5%哒螨灵乳油4 000倍液，或20%灭幼脲1号悬浮剂500~1 000倍液，或25%灭幼脲3号悬浮剂500~1 000倍液，或40%菊杀乳油2 000~3 000倍液，或40%菊马乳油2 000~3 000倍液，或20%氰戊菊酯2 000~4 000倍液，或茼蒿素杀虫剂500倍液，或2.5高效氯氰菊酯乳油1 500~2 000倍液，或4%高氯甲维盐1 000~1 500倍液。

二、小麦蚜虫

（一）为害特征

小麦蚜虫又名腻虫，是小麦生产中的主要害虫，以成虫、若虫刺吸小麦株茎、叶和嫩穗的汁液为害小麦（直接为害），再加上蚜虫排出的蜜露，落在小麦叶片上（图3-4），严重地影响光合作用（间接为害）。前期为害可造成麦苗发黄，影响生长，后期被害部分出现黄色小斑点，麦叶逐渐发黄，麦粒不饱满（图3-5），严重时麦穗枯白，不能结实，甚至整株枯死，严重影响小麦产量。

图3-4　小麦蚜虫为害叶片

图3-5　小麦蚜虫为害麦穗

（二）形态特征

小麦蚜虫（图3-6）在适宜的环境条件下，都以无翅型孤雌胎生若蚜生活。在营养不足、环境恶化或虫群密度大时，则产生有翅型迁飞扩散，但仍行孤雌胎生。卵翌春孵化为干母，继续产生无翅型或有翅型蚜虫。卵长卵形，长为宽的1倍，约1毫米，刚产出的卵淡黄色，逐渐加深，5天左右即呈黑色。干母、无翅雌蚜和雌性蚜，外部形态基本相同，只是雌性蚜在腹部末端可看出产卵管。雄性蚜和有翅胎生蚜外部形态亦相似，除具性器外，一般个体稍小。

图3-6　小麦麦蚜

（三）发生规律

小麦蚜虫的越冬虫态及场所均依各地气候条件而不同，南方无越冬期，北方麦区、黄河流域麦区以无翅胎生雌蚜在麦株基部叶丛或土缝内越冬，北部较寒冷的麦区，多以卵在麦苗枯叶上、杂草上、茬管中、土缝内越冬，而且越向北，以卵越冬率越高。从发生时间上看，麦二叉蚜早于麦长管蚜，麦长管蚜一般到小麦拔节后才逐渐加重。

麦蚜为间歇性猖獗发生，这与气候条件密切相关。麦长管蚜喜中温不耐高温，要求湿度为40%～80%，而麦二叉蚜则耐30℃的高温，喜干怕湿，湿度35%～67%为适宜。一般早播麦田，蚜虫迁入早，繁殖快，为害重；夏秋作物的种类和面积直接关系麦蚜的越夏和繁殖。

（四）防治方法

1. 农业防治

主要采用合理布局作物，冬、春麦混种区尽量使其单一化，秋季作物尽可能为玉米和谷子等；选择一些抗虫耐病的小麦品种，造成不良的食物条件，抑制或减轻蚜虫发生；冬麦适当晚播，实行冬灌，早春耙磨镇压，减少前期虫源基数。

2. 药剂防治

主要防治穗期蚜虫，抽穗后当蚜株率超过30%，百株蚜量超过1 000头，瓢蚜比小于1∶150就要及时防治。每亩用4.5%高效氯氰菊酯可湿性粉剂30~60毫升，10%吡虫啉可湿性粉剂15~20克，50%抗蚜威可湿性粉剂10~15克，40%氧化乐果乳油80~100毫升，上述农药中任选一种，对水30千克喷雾。在上午露水干后或下午4点以后均匀喷雾，防治效果均较好，如发生较严重，还可用吡蚜酮、氟啶虫胺腈、啶虫脒等防治。

三、麦蜘蛛

（一）为害特征

在中国小麦产区常见的麦蜘蛛主要有两种：麦长腿蜘蛛和麦圆蜘蛛。北方以麦长腿蜘蛛为主，南方以麦圆蜘蛛为主。麦圆蜘蛛以为害小麦为主，主要分布在地势低洼、地下水位高、土壤黏重、植株过密的麦田。麦长腿蜘蛛主要发生在地势高燥的干旱麦田。麦蜘蛛在冬前或春季以成、若虫刺吸叶片汁液，被害麦叶出现黄白小点，植株矮小，发育不良，重则干枯死亡（图3-7、图3-8）。

图3-7　麦蜘蛛为害叶片

图3-8　麦蜘蛛为害成株

（二）形态特征

　　麦蜘蛛一生有卵、若虫、成虫3个虫态（图3-9、图3-10）。麦长腿蜘蛛：雌成螨体卵圆形，黑褐色，体长0.6毫米，宽0.45毫米，成螨4对足，第一对足和第四对足发达。卵呈圆柱形。幼螨3对足，初为鲜红色，取食后呈黑褐色。若螨4对足，体色、体形与成螨相似。麦圆蜘蛛：成螨卵圆形，深红褐色，背有一红斑，有4对足，第一对足最长。卵椭圆形，初为红色，渐变淡红色；幼螨有足3对。若虫有足4对，与成虫相似。

图3-9　麦蜘蛛若虫

图3-10　麦蜘蛛成虫

（三）发生规律

麦长腿蜘蛛每年发生3~4代，麦圆蜘蛛每年发生2~3代，两者都是以成、若虫和卵在植株根际、杂草上或土缝中越冬，翌年2月中旬成虫开始活动，越冬卵孵化，3月中下旬至4月上旬虫口密度迅速增大，为害加重，5月中下旬，成虫数量急剧下降，以卵越夏。越夏卵10月上中旬陆续孵化，在小麦幼苗上繁殖为害，喜潮湿，多在早上8~9时以前和午后4~5时以后活动为害，12月以后若虫减少，越冬卵增多，以卵或成虫越冬。

（四）防治方法

1. 农业防治

因地制宜采用轮作倒茬，麦收后浅耕灭茬能杀死大量虫体、可有效消灭越夏卵及成虫，减少虫源；合理灌溉灭虫，在红蜘蛛潜伏期灌水，可使虫体被泥水粘于地表而死。灌水前先扫动麦株，使红蜘蛛假死落地，随即放水，收效更好；加强田间管理，增强小麦自身抗病虫害能力。及时进行田间除草，以有效减轻其为害。

2. 药剂防治

当麦垄单行33厘米有虫200头时防治。可选用防治红蜘蛛药剂为1.8%阿维菌素4 000~5 000倍液；或15%哒螨灵乳油2 000~3 000倍液；或20%扫螨净可湿性粉剂3 000~4 000倍液；或50%马拉硫磷乳油2 000倍液喷雾。

四、麦叶蜂

（一）为害特征

麦叶蜂有小麦叶蜂、黄麦叶蜂和大麦叶蜂3种。麦叶蜂幼虫为害小麦叶片（图3-11），从叶边缘向内咬成缺刻，重者可将叶片吃光。严重发生年份，麦株可被吃成光秆，仅剩麦穗，使麦粒灌浆不足（图3-12），影响产量。

図3-11　麦叶蜂幼虫为害叶片　　　図3-12　麦叶蜂幼虫为害麦穗

（二）形态特征

麦叶蜂（图3-13），成虫体长8~9.8毫米，雄蜂体略小，黑色微带蓝光，后胸两侧各有一白斑。翅透明膜质，带有极细的淡黄色斑。胸腹部光滑，散有细刻点。小盾片黑色近三角形，有细稀刻点。卵扁平肾形淡黄色，表面光滑。

 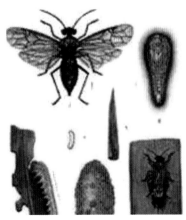

図3-13　麦叶蜂形态

（三）发生规律

在北方一年发生一代，4月上旬至5月初是幼虫为害盛期，幼虫有假死性，1～2龄期为害叶片，3龄后怕光，白天伏在麦丛中，傍晚后为害，4龄幼虫食量增大，虫口密度大时，可将麦叶吃光，5月上、中旬老熟幼虫入土作土茧越夏休眠到10月间化蛹越冬。幼虫喜欢潮湿环境，土壤潮湿、麦田湿度大、通风透光差，有利于发生。

（四）防治方法

1. 农业防治

在种麦前深翻耕，可把土中休眠的幼虫翻出，使其不能正常化蛹，以致死亡；有条件地区实行水旱轮作，进行合理倒茬，可降低虫口密度，减轻该虫为害；利用麦叶蜂幼虫的假死习性，傍晚时进行捕打，灌水淹没。

2. 药剂防治

防治标准是每平方米有虫30头以上需要用药剂防治。可用40%辛硫磷乳油1 500倍液喷雾，或20%高效氯氰菊酯2 000～3 000倍稀释液，或10%吡虫啉3 000～4 000倍液，每亩喷稀释药液50～60千克。

五、麦茎蜂

（一）为害特征

麦茎蜂又名烟翅麦茎蜂、乌翅麦茎蜂，是小麦上的主要害虫。国内各地均有分布，以青海、甘肃、陕西、山西、河南、湖北为主。以幼虫钻蛀茎秆，向上向下打通茎节，蛀食茎秆后老熟幼虫向下潜到小麦根茎部为害，咬断茎秆或仅留表皮连接，断口整齐（图3-14、图3-15）。轻者田间出现零星白穗，重者造成全田白穗、局部或全田倒伏，导致小麦籽粒瘪瘦，千粒重大幅下降，损失严重。

图3-14 麦茎蜂蛀通小麦茎节　　　图3-15 麦茎蜂幼虫钻蛀茎秆

（二）形态特征

1. 成虫

体长8~12毫米，腹部细长，全体黑色（图3-16），触角丝状，翅膜质透明，前翅基部黑褐色，翅痣明显。雌蜂腹部第4节、第6节、第9节镶有黄色横带，腹部较肥大，尾端有锯齿状的产卵器。雄蜂第3~9节亦生黄带。第1腹节、第3腹节、第5腹节、第6腹节腹侧各具1个较大的浅绿色斑点，后胸背面具1个浅绿色三角形点，腹部细小且粗细一致。

2. 卵

长约1毫米，长椭圆形，白色透明。

3. 幼虫

末龄幼虫体长8~12毫米，体乳白色，头部浅褐色，胸足退化成小突起，身体多皱褶，臀节延长成几丁质的短管（图3-17）。

4. 蛹

蛹长10~12毫米，黄白色，近羽化时变成黑色，蛹外被薄茧。

图3-16　成虫

图3-17　幼虫

（三）发生规律

麦茎蜂1年发生1代，以老熟幼虫在茎基部或根茬中结薄茧越冬。翌年小麦孕穗期陆续化蛹，小麦抽穗前进入羽化高峰。卵多产在茎壁较薄的麦秆里，产卵量50~60粒，产卵部位多在小麦穗下1~3节的组织幼嫩的茎节附近。幼虫孵化后取食茎壁内部，3龄后进入暴食期，常把茎节咬穿或整个茎秆食空，老熟幼虫逐渐向下蛀食到茎基部，麦穗变白；或将茎秆咬断，仅留表皮，断口整齐，易引起小麦倒伏。幼虫老熟后在根茬中结透明薄茧越冬。

（四）防治方法

1. 农业防治

麦收后及时灭茬，秋收后深翻土壤，破坏该虫的生存环境，减少虫口基数。选育秆壁厚或坚硬的抗虫品种。

2. 化学防治

在成虫羽化初期，每亩用5%毒死蜱颗粒剂1.5～2千克，拌细土20千克，均匀撒在地表，杀死羽化出土的成虫。也可在小麦抽穗前，选用20%氰戊菊酯乳油1 500～2 000倍液，或4.5%高效氯氰菊酯乳油1 000倍液，或45%毒死蜱乳油1 000～1 500倍液，喷雾防治成虫。

六、小麦吸浆虫

（一）为害特征

小麦吸浆虫常见的有麦红吸浆虫、麦黄吸浆虫两种。黄淮流域以麦红吸浆虫为主，麦黄吸浆虫少有发生。该虫幼虫潜伏在颖壳内吸食正在灌浆的麦粒汁液为害（图3-18），其生长势和穗型不受影响，由于麦粒被吸空、麦秆表现直立不倒，具有假旺盛的长势。受害麦粒变瘦（图3-19），甚至成空壳，出现"千斤的长势，几百斤甚至几十斤产量"的残局。吸浆虫对小麦产量具有毁灭性，一般可造成10%～30%的减产，严重的达70%以上，甚至绝收。

图3-18　小麦吸浆虫为害麦穗　　图3-19　受害小麦成熟症状

（二）形态特征

麦红吸浆虫雌成虫体长2～2.5毫米，翅展5毫米左右，体橘红色（图3-20）。前翅透明，有4条发达翅脉，后翅退化为平衡棍。触角细长，14节，雄虫每节中部收缩使各节呈葫芦结状，膨大部分各生一圈长环状毛。雌虫触角呈念珠状，上生一圈短环状毛。雄虫体长2毫米左右。卵长0.09毫米，长圆形，浅红色。幼虫体长3～3.5毫米，椭圆形，橙黄色（图3-21），头小，无足，蛆形，前胸腹面有1个"Y"形剑骨片，前端分叉，凹陷深。蛹长2毫米，裸蛹，橙褐色，头前方具白色短毛2根和长呼吸管1对。

麦黄吸浆虫，雌体长2毫米左右，体鲜黄色。卵长0.29毫米，香蕉形。幼虫体长2～2.5毫米，黄绿色或姜黄色，体表光滑，前胸腹面有剑骨片，剑骨片前端呈弧形浅裂，腹末端生突起2个。蛹鲜黄色，头端有1对较长毛。

图3-20 小麦吸浆虫成虫

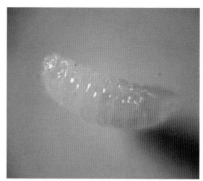

图3-21 小麦吸浆虫幼虫

（三）发生规律

麦红吸浆虫每年发生1代，但幼虫有多年休眠习性，因此也有多年1代的可能。以幼虫在土中结圆茧越夏越冬，越冬幼虫3—4月化蛹，4月下旬成虫羽化，产卵于未扬杨花的颖壳内，幼虫吸食正在灌浆的麦粒汁液，5月下旬入土越夏。

（四）防治方法

1.农业防治

施足基肥，春季少施化肥，使小麦生长发育整齐健壮。

2.药剂防治

（1）幼虫期防治。在小麦播种前撒毒土防治土中幼虫，于播前整地时进行土壤处理。用2.5%甲基异柳磷颗粒剂1.5~2千克/亩加20千克干细土，拌匀制成毒土撒施在地表。

（2）蛹期防治。蛹期防治是在小麦孕穗期进行，是防治该虫的关键时期。可用40%甲基异柳磷乳油或50%辛硫磷乳油150毫升/亩、48%毒死蜱乳油100~125毫升/亩、50%倍硫磷乳油75毫升/亩、2.5%甲基异柳磷颗粒剂1.5~2千克/亩加20千克细土制成毒土，均匀撒在地表，然后进行锄地，把毒土混入表土层中，如施药后灌一次水，效果更好。

（3）成虫期防治。小麦齐穗期也可结合防治麦蚜，喷施40%乐果乳油或80%敌敌畏乳油100毫升/亩、50%马拉硫磷乳油35毫升/亩、4.5%氯氰菊酯乳油40毫升/亩、2.5%溴氰菊酯乳油或20%氰戊菊酯乳油2 000倍液防治成虫等。该虫卵期较长，发生严重时可连续防治2次。

七、小麦潜叶蝇

小麦潜叶蝇广泛分布于我国小麦产区，包括小麦黑潜叶蝇、小麦黑斑潜叶蝇、麦水蝇等多种，以小麦黑潜叶蝇较为常见，华北、西北麦区局部密度较高。

（一）为害特征

小麦潜叶蝇以雌成虫产卵器刺破小麦叶片表皮产卵及幼虫潜食叶肉为害。雌成虫产卵器在小麦第一、第二片叶中上部叶肉内产卵，形成一行行淡褐色针孔状斑点；卵孵化成幼虫后潜食叶肉为害（图3-22、图3-23），潜痕呈袋状，其内可见蛆虫及虫粪，造成小麦叶片半段干枯。一般年份小麦被害株率5%～10%，严重田小麦被害株率超过40%，严重影响小麦的生长发育。

图3-22　潜叶蝇为害的叶肉

图3-23　潜叶蝇为害的叶尖

（二）形态特征

小麦黑潜叶蝇成虫（图3-24）体长2.2～3毫米，黑色小蝇类。头部半球形，间额褐色，前端向前显著突出。复眼及触角1～3节黑褐色。前翅膜质透明，前缘密生黑色粗毛，后缘密生淡色细毛，平衡棒的柄为褐色，端部球形白色。幼虫（图3-25）长3～4毫米，乳白色或淡黄色，蛆状。蛹长3毫米，初化时为黄色，背呈弧形，腹面较直。

图3-24　小麦黑潜叶蝇成虫　　　图3-25　小麦黑潜叶蝇幼虫

（三）发生规律

小麦黑潜叶蝇一般年份1年发生1~2代，以蛹在土中越冬，春小麦出苗期和冬小麦返青期羽化出土，先在油菜等植物上吸食花蜜补充营养，后在小麦叶子顶端产卵，孵化潜食小麦叶肉；幼虫约10天老熟，爬出叶外入土化蛹越冬。冬小麦返青早、长势好的田块，成虫产卵量大，为害重。小麦黑斑潜叶蝇发生世代不详，幼虫潜道细窄，老熟幼虫从虫道中爬出，附着在叶表化蛹和羽化，与小麦黑潜叶蝇在土中化蛹显著不同（图3-26、图3-27）。麦水蝇在小麦生长发育期发生2代，以蛹或老熟幼虫在小麦叶鞘内越冬，翌年春季羽化，先在油菜上吸食花蜜补充营养，后交尾产卵，孵化后即蛀入叶内取食叶肉，潜道呈细长直线，幼虫龄期增大后，蛀入叶鞘为害。

（四）防治方法

以成虫防治为主，幼虫防治为辅。

1.农业防治

清洁田园，深翻土壤。冬麦区及时浇封冻水，杀灭土壤中的蛹。加强田间管理，科学配方施肥，增强小麦抗逆性。

图3-26　小麦黑斑潜叶蝇成虫　　图3-27　小麦黑斑潜叶蝇在叶表羽化

2. 化学防治

（1）成虫防治。小麦出苗后和返青前，用2.5%溴氰菊酯乳油或20%甲氰菊酯乳油2 000～3 000倍液，均匀喷雾防治。

（2）幼虫防治。发生初期，用1.8%阿维菌素乳油3 000～5 000倍液，或4.5%高效氯氰菊酯乳油1 500～2 000倍液，或用20%阿维·杀单微乳剂1 000～2 000倍液，或用45%毒死蜱乳油1 000倍液，或用0.4%阿维·苦参碱水乳剂1 000倍液喷雾防治。

八、麦茎谷蛾

麦茎谷蛾，俗称麦螟、钻心虫、蛀茎虫，属鳞翅目夜蛾科。在北方麦区均有发生，造成枯心和死穗，影响产量。

（一）为害特征

麦茎谷蛾一年发生1代，以低龄幼虫在麦苗心叶中越冬。返青后幼虫开始在心叶钻蛀为害，拔节期造成小麦心叶残缺、扭曲或

枯心。抽穗期为害加重，幼虫钻蛀茎节，蛀食穗节基部形成白穗
（图3-28）。一头幼虫可转移为害2~3株小麦。

图3-28　麦茎谷蛾在成株期造成白穗

（二）形态特征

麦茎谷蛾成虫（图3-29）体长5.9~7.9毫米，翅展10.4~13.5
毫米。全身密布鳞片，头顶密布灰黄色长毛，触角丝状。前翅灰
褐色，上有2~3条深褐色斑块，外缘有灰褐色细毛；后翅黑灰
色，沿前缘有白色剑状斑，外缘与后缘有灰白色缘毛。腹部粗
肥，背面第5节白色，其余黑色，腹面黄褐色。麦茎谷蛾初孵幼虫
乳白色，2龄以后为黄白色，老熟幼虫（图3-30）体长10.5~15.2
毫米，细长圆筒形。前胸及腹部各节的气孔周围均具黑斑。第10
腹节背面有4个横列的小黑点，末节臀板上有6根刚毛。蛹为纺锤
形，长7~10.5毫米，初为黄白色，羽化前为黄褐色，腹端有6根
短刺。

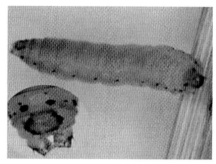

图3-29　麦茎谷蛾成虫　　　　图3-30　麦茎谷蛾幼虫

（三）发生规律

5月上中旬幼虫老熟，在旗叶或倒2叶叶鞘内结成白色网状虫茧化蛹，蛹期20天。5月下旬至6月上旬小麦成熟期蛹羽化，6月中旬成虫盛发。成虫有假死性，中午前后最为活跃，下午飞到隐蔽场所。潜藏在屋檐、墙缝、草垛和老树皮内越夏，秋季飞到麦田产卵，邻近村庄的麦田发生重。

（四）防治方法

1. 药剂防治

拔节期用80％敌敌畏乳油1 500倍液、50％辛硫磷乳油1 500～2 000倍液或90％晶体敌百虫1 000倍液喷雾。

2. 人工防治

成株期发现麦茎谷蛾为害造成的枯白穗，剪除倒2叶以上的枯白穗部分，带出田外烧毁或深埋，减少虫源，减轻来年为害。

九、棉铃虫

（一）为害特征

棉铃虫又名钻桃虫、钻心虫等，属鳞翅目夜蛾科，分布广，食性杂，主要为害棉花，还可为害小麦、玉米、花生、大豆、蔬菜等多种农作物。以幼虫为害麦粒、茎、叶，主要为害麦粒（图3-31至图3-34）。虫量大时，损失严重。

图3-31　黄白型棉铃虫

图3-32　淡绿色型棉铃虫

图3-33　淡褐色型棉铃虫

图3-34　体色花色型棉铃虫

（二）形态特征

1. 成虫

体长15～20毫米，前翅颜色变化大，雌蛾多黄褐色，雄蛾多绿褐色，外横线有深灰色宽带，带上有7个小白点，肾形纹和环形纹暗褐色（图3-35）。

图3-35　棉铃虫成虫

2. 卵

近半球形，表面有网状纹。初产时乳白色，近孵化时紫褐色（图3-36）。

图3-36　棉铃虫产的卵

3. 幼虫

老熟幼虫体长40～45毫米，头部黄褐色，气门线白色，体背有十几条细纵线条，各腹节上有刚毛疣12个，刚毛较长。两根前胸侧毛的连线与前胸气门下端相切，这是区分棉铃虫幼虫与烟青虫幼虫的主要特征。体色变化多，以黄白色、暗褐色、淡绿色、绿色为主。

4. 蛹

长17~20毫米，纺锤形，黄褐色，第5~第7腹节前缘密布比体色略深的刻点，尾端有臀刺2个（图3-37）。

图3-37　棉铃虫蛹

（三）发生规律

在为害小麦较重的产麦区1年发生4代，第1代为害小麦。以蛹在土中做室越冬，翌年小麦孕穗期出现越冬代蛾，抽穗扬花期为蛾盛期，成虫具趋光性，晚上活动，卵多产在长势好的麦田穗部。第1代幼虫盛期在小麦抽穗扬花期，幼虫多在

7：00～9：00时和19：00～21：00时活动，白天光线较强活动减少，弱光、适温、阴天取食较强。幼虫可取食麦粒、茎、叶片，以取食麦粒为主，幼虫取食麦粒排出的虫粪为白色，虫量大时地面会出现一层类似尿素的白色虫粪。低孵幼虫常3～4头聚集在一个麦穗上取食，4龄后一个麦穗只有一头幼虫取食。幼虫有转粒、转株为害习性，一头幼虫一生可破坏40～60个麦粒。老熟幼虫入土做室化蛹，羽化后为害其他作物，秋季第4代老熟幼虫入土做室化蛹越冬。

（四）防治方法

1. 农业防治

秋田收获后，及时深翻耙地，冬灌，可消灭大量越冬蛹。

2. 物理防治

成虫发生期，应用佳多频振式杀虫灯、450瓦高压汞灯、20瓦黑光灯、棉铃虫性诱剂诱杀成虫。

3. 化学防治

幼虫3龄前选用40％毒死蜱乳油1 000～1 500倍液，也可用4.5％高效氯氰菊酯或2.5％溴氰菊酯乳油2 500～3 000倍液均匀喷雾防治。

十、地下害虫

麦田常见地下害虫有蛴螬、金针虫、蝼蛄，为害方式是咬食嫩芽、幼苗、植株根茎，造成缺苗断垄。近年来由于秸秆还田、简化栽培、少、免耕等耕作制度的改变，拌种药剂单调等原因，致使地下害虫的种群数量回升、为害普遍加重，尤其是金针虫、蛴螬在部分地区重度发生。

（一）为害特征

1. 蛴螬

蛴螬（图3-38）是多种金龟子的幼虫，其种类最多、为害重、分布广，成为为害小麦的主要地下害虫之一。为杂食性，几乎为害所有的大田作物、蔬菜、果树等，主要种类有铜绿金龟、大黑鳃金龟、暗黑鳃金龟、黄褐丽金龟等。幼虫为害麦苗地下分蘖节处，咬断根茎使苗枯死，为害时期有秋季9—11月和春季4—5月两个高峰期。蛴螬防治指标：蛴螬3头/米^{2}及以上。

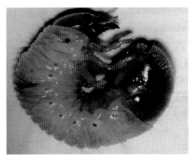

图3-38 蛴螬

2. 金针虫

又称沟叩头虫，主要有沟金针虫和细胸金针虫两大类。以幼虫咬（取）食种子、幼芽和根茎，可钻入种子、根茎相交处或地下茎中，被害处不整齐呈乱麻状，形成枯心苗以致全株枯死（图3-39至图3-41）。防治指标：金针虫3~5头/米^{2}及以上，春季麦苗被害率3%及以上。

图3-39　金针虫

图3-40　金针虫　　　　　图3-41　蛴螬与金针虫混发

3. 蝼蛄

　　常见的种类主要有非洲蝼蛄和华北蝼蛄，蝼蛄几乎为害所有大田作物、蔬菜，为害小麦是从播种开始直到第二年小麦乳熟期，春秋季为害小麦幼苗，以成虫或若虫（图3-42）咬食发芽种子和咬断幼根嫩茎，经常咬成乱麻状使麦苗萎蔫、枯死，并在土表穿行活动钻成隧道（图3-43），使种子、幼苗根系与土壤脱离不能萌发、生长或根土若分若离进而枯死，出现缺苗断垄、点片死株，为害重者造成毁种重播。蝼蛄防治指标：0.3~0.5头/米^{2}及以上。

卵

若虫

成虫

后足

为害状

前足

图3-42　蝼蛄

图3-43　蝼蛄在麦田的隧道，
造成多行小麦受损

（二）防治方法

1.农业防治

地下害虫尤以杂草丛生、耕作粗放的地区发生重而多。采用一系列农业技术措施，如精耕细作、轮作倒茬、秸秆还田结合深耕深翻整地，施用充分腐熟的有机肥，适时中耕除草、合理灌水等均可压低虫口密度，减轻为害。

2.药剂防治

（1）土壤处理。为减少土壤污染和避免杀伤天敌，应提倡局部施药和施用颗粒剂。在多种地下害虫、吸浆虫混发区或单独严重发生区，可用3%辛硫磷颗粒剂每亩2~3千克犁地前均匀撒施地表，或用50%辛硫磷乳油每亩250~300毫升对水30~40千克犁地前均匀喷洒于地表，或每亩用50%辛硫磷乳油250毫升，加水1~2

千克，拌细土20～25千克配成毒土撒入田间，或每亩用5%甲基异柳磷颗粒剂1.5～2千克均匀撒入麦田，随犁耙地翻入土中。

（2）药剂拌种。对地下害虫一般发生区，常用农药与水、麦种的比例为40%甲基异柳磷乳油按1∶100∶1 000（农药∶水∶种子）拌种，50%辛硫磷乳油拌种时按1∶70∶700（农药∶水∶种子）拌种，对地下害虫均有良好的防治效果，并能兼治田鼠。先将农药按要求比例加水稀释成药液，再与种子混合拌匀，堆闷5～6小时，摊晾后即可播种。

（3）小麦出苗后，当死苗率达到3%时，立即施药防治。撒毒土：每亩用5%辛硫磷颗粒剂2千克，或3%辛硫磷颗粒剂3～4千克，或2%甲基异柳磷粉剂2千克，对细土30～40千克，拌匀后开沟施，或顺垄撒施，可以有效地防治蛴螬和金针虫；撒毒饵：用麦麸或饼粉5千克，炒香后加入适量水和40%甲基异柳磷拌匀后于傍晚撒在田间，每亩2～3千克，对蝼蛄的防治效果可达90%以上。

（4）灌根可用40%甲基异柳磷50～75克，对水50～75千克，从16∶00时开始灌在麦苗根部，杀虫率达90%以上，兼治蛴螬和金针虫。

第四章
小麦草害防治

一、麦田常见杂草

（一）节节麦

节节麦又名粗山羊草，世界性恶性杂草，与小麦的亲缘关系很近。越年生或一年生草本，禾本科，山羊草属。种子繁殖（图4-1），9—10月出苗（图4-2），株高40～90厘米（图4-3），花果期5—6月，成熟落粒（图4-4），为害严重。多生于荒芜草地或麦田中。

图4-1　混杂在小麦中的节节麦

图4-2　节节麦幼苗

图4-3 生长期形态特征　　　　图4-4 成熟期形态特征

（二）雀麦

雀麦，越年生或一年生杂草，与小麦同期出苗。幼苗期（图4-5）茎基部淡绿色或淡紫红色。叶片细线形，前端尖锐，且有白色绒毛，叶缘绒毛顺生。成株期茎直立，丛生。叶鞘有白色绒毛。叶片为条形，叶两面都有白色绒毛。穗披散，有分枝，细弱。小穗初期圆筒状，成熟后扁平（图4-6）；籽粒扁平，纺锤形，基部尖。

图4-5 雀麦苗期　　　　　　图4-6 雀麦穗

（三）野燕麦

野燕麦又名燕麦草，铃铛麦（图4-7），禾本科，燕麦属。

一年生或越年生旱地杂草。株高60～100厘米，以种子繁殖。种子休眠2～3个月后陆续具有发芽能力。适宜的发芽温度为10～20℃，春麦区野燕麦早春发芽，成熟期7—8月。冬麦区秋季发芽，4—5月抽穗开花，5—6月颖果成熟落粒。主要为害小麦、大麦、燕麦、青稞、油菜、豌豆等作物（图4-8）。

图4-7　野燕麦苗期　　　　　图4-8　野燕麦田间为害状

（四）狗尾草

狗尾草别名狗尾巴草、绿狗尾草。春季出苗。幼苗期叶片披针形（图4-9），无毛。成株期茎秆直立或基部屈膝状，有分枝，叶片线条状披针形，顶端尖，基部圆。叶鞘光滑，叶舌退化为毛状。穗顶生，圆锥花序，近圆柱形，顶部稍尖。穗上生有绿色或紫色的刚毛（图4-10），小穗椭圆形，籽粒圆形。

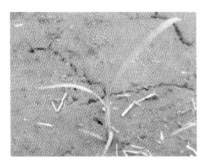

图4-9　狗尾草苗期　　　　　图4-10　狗尾草穗

（五）猪殃殃

猪殃殃又名拉拉藤、黏黏草等。茜草科，猪殃殃属。一年生或越年生杂草。成株多至基部分枝（图4-11），长30~100厘米，4棱，棱上有倒生小刺。种子繁殖，坚果近球形具钩刺。温暖的秋天发芽最多，少量早春发芽。5月中下旬果实落入土中或混于麦粒中，休眠期数月。生于麦田、果园、菜地及休闲地（图4-12）。

图4-11　猪殃殃成株　　　　　图4-12　猪殃殃田间为害状

（六）播娘蒿

播娘蒿又名麦蒿，十字花科播娘蒿属，一年生或越年生旱地杂草。株高30~137厘米。种子繁殖。冬麦区播娘蒿麦播后陆续出苗（图4-13），10月为出苗高峰。幼苗越冬。次年早春气温回升还有部分种子发芽。花果期4—6月，种子成熟后角果易裂落粒，也可与麦穗一起被收获，混于麦粒中。生于麦田、油菜地、果园、菜地及渠边路旁等地（图4-14）。

图4-13　播娘蒿　　　　　　　图4-14　播娘蒿田间为害状

（七）荠菜

荠菜又名地丁菜、护生草、地菜等。十字花科荠菜属，一年生或越年生草本杂草。株高20～50厘米（图4-15），主要以种子繁殖。黄河、长江流域10月为出苗高峰。荠菜性喜温和，耐寒力强，幼苗越冬。早春返青后陆续抽薹开花，次年早春气温回升还有部分种子发芽，花果期4—6月，种子成熟后角果易裂落粒，初夏成熟落粒。生于麦田、油菜地、果园、菜地及路旁（图4-16）。

图4-15　荠菜成株　　　　　　图4-16　荠菜田间为害状

（八）麦家公

麦家公又名田紫草、毛妮菜等。紫草科，紫草属。越年生或一年生草本。株高30~50厘米（图4-17）。喜湿润，种子繁殖。秋天发芽为主，少数早春出苗。花果3—5月，麦收前成熟。种子落地或混于小麦等谷物中，也可黏附于人畜、机械上传播。生于麦田、油菜地、果园、菜地、渠边、荒坡及路旁（图4-18）。

图4-17　麦家公成株

图4-18　麦家公田间为害状

（九）米瓦罐

米瓦罐别名麦瓶草、面条子棵、麦瓶子、麦黄菜等。石竹科，蝇子草属。越年生或一年生草本。株高30~80厘米（图4-19）。种子繁殖，以幼苗或种子越冬。黄河中、下游9—10月出苗，早春出苗数量较少；花期4—6月，种子于5月即渐次成熟。生于麦田、油菜地、果园、菜地及路旁（图4-20）。

图4-19　米瓦罐

图4-20　米瓦罐田间为害状

（十）蜡烛草

蜡烛草又名鬼蜡烛、假看麦娘等。禾本科，梯牧草属。越年生或一年生草本植物。株高20～60厘米（图4-21），种子繁殖。我国主要分布于长江流域和黄河流域。喜温暖、湿润的气候，抗旱能力较差。10月出苗，花果期5—6月。在潮湿的壤土或黏土中生长最为茂盛，耐洼地水湿，不耐盐碱。生于潮湿麦田（图4-22）、渠边、河滩等湿地。

图4-21　蜡烛草苗期　　　　　图4-22　蜡烛草田间为害状

（十一）看麦娘

看麦娘又名麦娘娘、棒槌草。禾本科、看麦娘属。一年生或越年生旱地杂草。株高20～50厘米（图4-23），以种子繁殖。种子休眠期3—6月，越夏后即或发芽。小麦播种一周后，看麦娘陆续发芽，在麦田越冬。次年2月返青拔节后抽穗，4月、5月成熟并落粒于土中，也可随水流传播。主要为害小麦、油菜（图4-24）。

图4-23 看麦娘

图4-24 看麦娘田间为害状

（十二）芦苇

芦苇别名苇子、芦柴、芦头。以地下根状茎或种子繁殖。茎秆直立（图4-25），中空，多节，节下常常生有白色粉状物。叶鞘无毛或被细毛，叶舌短有毛；叶片长条形，粗糙，前端尖（图4-26）；穗顶生，圆锥形花序，分枝稠密；小穗上着生小花4～7朵，基部具长6～12毫米丝状白色柔毛。根状茎发达，有节，繁殖力强。

图4-25 芦苇茎秆直立

图4-26 麦田中的芦苇

（十三）打碗花

打碗花又名打碗碗花，小旋花，面根藤、狗儿蔓等。旋花科，打碗花属。多年生藤本植物。以根芽和种子繁殖。田间以无性繁殖为主，地下茎质脆易断，每个带节的断体都能长出新的植株。华北地区10月部分出苗，以4—5月出苗为主，花期7—9月，果期8—10月。长江流域3—4月出苗，花果期5—7月。生于麦田、秋作物田、果园、菜地、地边、渠旁和荒地（图4-27、图4-28）。

图4-27　打碗花苗期

图4-28　打碗花田间为害状

（十四）王不留行

王不留行（图4-29）又名麦蓝菜、奶米、大麦牛、马不留等。石竹科，麦蓝菜属。以种子繁殖。秋季10—11月出苗，早春有少数出苗，种子及幼苗越冬，花果期4—5月。生于麦田、油菜田、果园及菜地（图4-30）。

图4-29　王不留行　　　　　　图4-30　王不留行田间为害状

（十五）藜

藜又名灰灰菜（图4-31）。藜科，越年、一年、一年2季生草本植物，以一年生为主。株高20～50厘米，种子繁殖，以幼苗或种子越冬。早春萌发，花期3—5月，果期4—6月。适生于湿润具轻度盐碱的沙性壤土上。生于麦田、油菜田、荒地、路旁及山坡（图4-32）。

图4-31　藜　　　　　　　　图4-32　藜田间为害状

（十六）牛繁缕

牛繁缕（图4-33）又名鹅儿汤、鹅汤菜等。石竹科，鹅汤草属。越年生或一年杂草。种子或匍匐茎繁殖。8月至翌年3月出苗，花果期4—6月。分布于我国多数省区，主要为害麦田、油菜、棉花、蔬菜，尤其是稻茬麦田为害更重（图4-34），也长于果园及路边，常与猪殃殃、看麦娘等混生。

图4-33　牛繁缕　　　　　　　图4-34　牛繁缕为害状

（十七）小蓟

小蓟（图4-35）又名刺儿菜、青青草、蓟蓟草、刺狗牙、刺蓟、枪刀菜、小蓟草。菊科蓟属。多年生草本，株高10~20厘米。地下部分常大于地上部分，有长根茎。近全缘或有疏锯齿，无叶柄。种子、根茎繁殖。10月出苗，冬季地上枯死，翌年3月中下旬出苗。花果期4—5月。生于麦田、秋田、果园、菜地、路边、渠旁、林地及休闲地（图4-36）。

图4-35 小蓟

图4-36 小蓟田间为害状

（十八）大蓟

大蓟（图4-37）又名大刺儿菜。菊科蓟属。多年生草本，株高50～100厘米。地下部分常大于地上部分，有长根茎。叶片边缘锯齿，叶长15～30厘米。种子、根茎繁殖。4—5月出苗。花果期6—8月。生于麦田、玉米、大豆、红薯、果园、菜地、路边、山坡、草地、渠旁、林地及休闲地（图4-38）。

图4-37 大蓟

图4-38 大蓟为害状

（十九）大巢菜

大巢菜（图4-39）又名大野豌豆、薇菜、山扁豆、山木樨等。豆科、野豌豆属。一年或二年生草本。株高50～80厘米，种子繁殖。10—11月出苗，花期4—6月，果期8—10月。生于麦田、果园、菜地、路边、渠旁荒地（图4-40）。

图4-39　大巢菜　　　　　　　图4-40　大巢菜田间为害状

（二十）泽漆

泽漆（图4-41）别名五朵云、五灯草、猫儿眼草、奶浆草、五凤草等。大戟科，大戟属。一年生或越年生草本，全株含乳汁。种子繁殖。10—11月出苗。茎顶有5片轮生的叶状苞。花期4—5月，果期5—7月。生于麦田、沟边、路边、田野（图4-42）。

图4-41　泽漆　　　　　　　　图4-42　泽漆田间为害状

（二十一）苦苣菜

苦苣菜，菊科，越年生或一年生草本。别名：苦菜、滇苦菜。幼苗期子叶阔卵形，有柄（图4-43）。初生叶片近圆形，前端尖，边缘有细齿；成株期（图4-44）茎直立，中空，有棱，下部光滑，中上部和顶端有腺毛。基生叶丛生，茎生叶互生，边缘羽状全裂或半裂，有刺状尖齿。下部叶柄有翅，基部抱茎，中上部叶片无柄，基部扩大成戟耳形。头状花序，花梗常有细毛，总苞球形，舌状花，鲜黄色。

图4-43　苦苣菜苗期　　　　　　图4-44　苦苣菜成株期

（二十二）宝盖草

宝盖草（图4-45）又名珍珠莲、接骨草、莲台夏枯草、毛叶夏枯、佛座、风盏、连钱草、大铜钱七等。属管状花目，唇形科，野芝麻属。一年生或二年生植物。株高15～35厘米，种子繁殖。9—11月出苗，花果期4—6月。生于麦田、果园、菜地、路边、渠旁、荒地（图4-46）。

图4-45　宝盖草　　　　　　图4-46　宝盖草田间为害状

（二十三）葎草

葎草（图4-47）又称涩拉秧、五爪龙、锯锯藤、拉拉藤、割人藤、拉拉秧、涩涩秧等。荨麻目，桑科，葎草属。多年生或一年生茎蔓草本植物，茎蔓长5～8米，茎粗糙，具倒钩刺。种子繁殖。3—4月出苗，花果期6—9月。生于麦田、果园、大豆、玉米及荒地、废墟、林缘、沟边等地（图4-48）。

图4-47　葎草　　　　　　图4-48　田间为害状

（二十四）婆婆纳

婆婆纳（图4-49），玄参科，婆婆纳属。一年生或越年杂草。以种子繁殖。秋季8—11月出苗，早春有少数出苗，种子及幼苗越冬，花果期3—5月。花冠淡紫色、蓝色、粉色或白色。喜光，耐半阴，对水肥条件要求不高。生于麦田、果园、菜地、渠边及路旁（图4-50）。

图4-49　婆婆纳

图4-50　田间为害状

（二十五）离蕊芥

离蕊芥（图4-51），又名千果草、涩荠菜、涩芥、水萝卜棵等。十字花科，离蕊芥属。全株密生星状硬毛，茎基部分枝。基生叶有柄。株高10~50厘米，种子繁殖。10月出苗，花果期4—5月。生于麦田、果园、菜田、渠边、路旁（图4-52）。

图4-51　离蕊芥

图4-52　离蕊芥为害状

二、麦田杂草防除技术

麦田杂草防除技术，主要包括农业防除、化学防除和生物防除。

（一）农业防除

农业防除是通过耕作栽培措施或利用选育抗病抗虫作物品种防治有害生物的方法。由于农业防除经济、简便、无污染，越来越受到重视。农业防除的主要措施如下。

1. 轮作倒茬

合理轮作倒茬、播前深耕能有效减少或降低杂草数量，特别是一些适宜浅层类特小粒杂草种子，深翻耕，导致种子萌发而不能顶出土壤，降低出苗生长的杂草基数。

2. 精选种子

选用质量高的小麦种子，通过精选种子或严格筛选，剔除秕粒、草籽、杂粒，减少杂草数量，把毒麦作为重点检疫对象。

3. 中耕、镇压

及时中耕、镇压，在小麦冬前苗期和早春返青—拔节期，杂草还处于幼苗期，根系下扎不是很深，及早进行耙磨镇压、中耕，既有利于保墒、提高地温，同时又可除去部分杂草，破除板结。

4. 播前造墒灭草

杂草特别严重的地块，小麦播种前浇水造墒，促使杂草萌发，然后整地消灭杂草。

5. 人工拔除

人工拔除株间、行间大棵杂草如播娘蒿、米瓦罐、麦家公、刺儿菜、藜、节节麦、野燕麦、猪殃殃、葎草等，或定期田间人工除草、拔草等，这都是除草的有效方法之一，对于杂草较少的麦田，连续拔除2～3年，要在杂草结籽之前除掉，见效更明显。

（二）化学防除

化学防除是麦田杂草防除的重要技术。为了提高防治效果，应大力推广麦田杂草冬前防治技术，变春季防治为冬前防治。冬前化学除草的优点有：一是节省农药。冬前麦苗较小，除草剂可以最大限度地喷到杂草上，从而减少了药液用量。二是轻易除掉杂草。冬前，麦田杂草大多数刚出土不久，一般都在3叶期前，耐药性最低，很轻易被除掉。三是农药残留量少。在冬前除草，由于距下茬作物种植时间相对较长，除草剂可以在土壤中充分分解，从而减少了除草剂在土壤中的残留量，不致影响下茬作物的生长。

1. 冬前化除

在小麦三叶期至越冬前，即黄淮麦区一般是在11月中旬至12月上旬，根据田间杂草优势种类选择适宜的除草剂进行除草。

防除阔叶杂草。防除猪殃殃、泽漆等恶性杂草发生的麦田，每亩用20%氯氟吡氧乙酸乳油50～60毫升，或58克/升双氟·唑嘧胺悬浮剂（双氟磺草胺25克/升、唑嘧磺草胺33克/升）10毫升，对水30～40千克茎叶喷雾。防除播娘蒿、荠菜、繁缕等阔叶杂草，每亩用50克/升双氟磺草胺悬浮剂10毫升，或40%唑草酮干悬浮剂2～3克，或36%唑草·苯磺隆可湿性粉剂5克，或70.5%2甲·唑草酮可湿性粉剂40～45克，对水30～40千克茎叶喷雾。防除米瓦罐、婆婆纳、泽漆、刺儿菜为主的杂草，每亩用56%2甲4氯钠盐粉剂50克加40%唑草酮干悬浮剂2克，或20%氯氟吡氧乙酸乳油50～60毫升，或50克/升双氟磺草胺悬浮剂10毫升，或36%唑草·苯磺隆可湿性粉剂5克，对水30～40千克茎叶喷雾。防除麦家公、宝盖草等杂草，每亩用10%乙羧氟草醚乳油30～40毫升加10%苯磺隆可湿性粉剂10～15克，36%唑草·苯磺隆可湿性粉剂5克，对水30～40千克茎叶喷雾。

防除禾本科杂草。防除节节麦杂草为主的麦田，每亩用3%甲基二磺隆油悬浮剂25毫升，或7.5%啶磺草胺水分散粒剂9～12.5克对水30～40千克茎叶喷雾。防除多花黑麦草、野燕麦等禾本科杂草，每亩用15%炔草酯可湿性粉剂30克，或6.9%精噁唑禾草灵水乳剂60毫升，对水30～40千克茎叶喷雾。

以防除阔叶和禾本科杂草混发的麦田，应分次使用对应的除草剂，不得随意混配。

2. 春季化除

在小麦起身期（拔节前）进行喷药最佳。

防除双子叶杂草。以猪殃殃、播娘蒿、荠菜、麦家公、婆婆纳、宝盖草、繁缕等阔叶杂草为主的田块，每亩用20%的2甲4氯钠盐水剂250～300毫升，或56%2甲4氯钠盐粉剂100～130克，或20%氯氟吡氧乙酸60～70毫升，或36%唑草·苯磺隆5～7克，对水30～40千克茎叶喷雾。

防除禾本科杂草。以防除节节麦杂草为主的麦田，每亩用3%甲基二磺隆油悬浮剂25～30毫升，或7.5%啶磺草胺水分散粒剂10～13克，对水30～40千克茎叶喷雾。以野燕麦、看麦娘、早熟禾等禾本科杂草为主的田块，每亩用6.9%精噁唑禾草灵70～80毫升、5%唑啉·炔草酯60～80毫升、15%炔草酯可湿性粉剂30～40

克，对水30～40千克茎叶喷雾。对杂草密度较高，草龄偏大，且以菵草、硬草等难除性杂草为主的田块，可适当增加用药量。

禾本科杂草与阔叶杂草混生田块，可选择上述除草剂进行两次防除，即先防除一遍阔叶杂草，隔5～7天再防治一遍禾本科杂草，也可使用炔草酯、唑啉·炔草酯或精噁唑禾草灵与苯磺隆、氯氟吡氧乙酸进行混配防除。

3.化学防除注意事项

化学除草是麦田杂草防除的有效方法，使用得当才能达到理想的防效，否则，不但影响除草效果，还可能产生药害，甚至导致作物死亡。所以，除草剂在使用时应注意以下几点。

（1）严格掌握用药量，防止发生药害；禁止使用甲磺隆、氯磺隆及其复配制剂；配药时注意炔草酯不能与激素类除草剂如2,4-D丁酯、麦草畏等混用。

（2）除草药剂与水要混合均匀，最好采用二次稀释法，一次喷匀，不漏喷、不重喷。

（3）对草选药，选择最佳对路药剂、最佳施药时间，一般要求土壤墒情较好，中午气温在10℃以上施药。注意有风不喷药，雨前3～4小时不喷药。

（4）春季小麦拔节后严禁使用除草剂。

（5）施药时要避开"倒春寒"天气，最低气温不低于5℃，确保小麦安全生长和除草剂药效的充分发挥，以防对小麦产生药害。

（6）要避免刮风天气化学除草。

（三）生物防除

生物防除是利用动物、植物、微生物、病毒及其代谢物防除杂草的生物控制技术，如利用杂草致病菌或病菌毒素杀灭杂草等，20世纪60年代国内生产的鲁保一号真菌性生物除草剂，对菟丝子防效达85％以上，双丙氨磷是一种抗生素，具有强烈的杀草活性，能防一年生和多年生杂草，是一种速效性和持效性兼有的除草剂。随着科学技术的发展，生物防除杂草是今后发展的方向。

三、麦田常用除草剂

（一）常用除草剂

1. 2甲4氯（农多斯、百阔净、兴丰宝）

杀草谱与2,4-D丁酯基本相同。每亩可用13％2甲4氯钠水剂300～400毫升，加水25～30千克均匀喷雾。施药时期与2,4-D丁酯相同。

2. 2,4-D丁酯

用于小麦田，防除播娘蒿、荠菜、藜、蓼、猪殃殃、葎草、苦荬菜、刺儿菜、田旋花等阔叶杂草，对禾本科杂草无效。在杂草2～4叶期，每亩用72％2,4-D丁酯乳油40～50毫升，对水30～40千克，均匀喷雾。使用时易在气温较高、光照充足、无风的条件下进行。同时应注意雾滴飘移，对周围敏感植物（棉花、油菜、大豆、向日葵及瓜类等）造成药害。另外，施用2,4-D丁酯的器械要专用。2,4-D丁酯与溴苯腈、百草敌等混用，剂量各减半，可扩大杀草谱。

3. 唑酮草酯（快灭灵）

可防除麦家公、猪殃殃、麦瓶草、播娘蒿、荠菜、藜、打碗花、萹蓄、苣荬菜等阔叶杂草。在杂草2~3叶期，每亩用40%快灭灵水分散粒剂4~5克，加水30~45千克均匀喷雾。可与麦草畏、2甲4氯和2,4-D丁酯等混用，扩大杀草谱。

4. 噻吩磺隆（宝收、阔叶散）

用于防除播娘蒿、荠菜、麦瓶草、藜、萹蓄、蓼、猪殃殃等阔叶杂草，对麦瓶草防除效果好，对田旋花防除效果不理想，对禾本科杂草无效。在杂草2~4叶期，每亩用75%宝收水分散粒剂1~3克，对水30~50千克均匀喷雾。高温有利于药效发挥。

5. 唑嘧磺草胺（阔草清）

用于防除麦田中的荠菜、播娘蒿、藜、猪殃殃等多种阔叶杂草。此药对多数作物安全，施药期也比较灵活，播前、播后苗前土壤处理及苗后茎叶处理均可，而且苗前土壤处理效果更好，杀草谱更广。土壤处理用量为每公顷70克。苗后使用每亩可用80%阔草清水分散粒剂2~3克，对水25~30千克进行均匀喷雾。该药在土壤中持效期较长（土中光解需3个月），使用该药的地块2年以后才可种植油菜、甜菜及棉花等敏感作物。同时，施药时应注意药液飘移。可与异丙隆、使它隆混用，以增加杀草谱。如需兼防禾本科杂草，也可与骠马、彪虎、世玛混用。

6. 氟草烟（使它隆、治莠灵、氟草定）

用于防除荠菜、播娘蒿、藜、猪殃殃、打碗花、米瓦罐、蓼、田旋花、萹蓄等阔叶杂草。对后茬作物安全。每亩可用20%使它隆乳油50~60毫升，对水25~30千克均匀喷雾。大豆、花生、甘薯和甘蓝等阔叶作物对该药敏感。施药后1小时若下雨，应重喷。此药可与2,4-D丁酯、2甲4氯钠混用，扩大杀草谱，各药剂剂量减半。

7. 苯磺隆（巨星、阔叶净、麦乐乐、麦黄隆）

常用于防除麦田中播娘蒿、麦瓶草、麦家公、荠菜、藜、蓼、萹蓄、猪殃殃等阔叶杂草，对禾本科杂草无效。每亩用75%巨星干悬浮剂1~2克或10%苯磺隆可湿性粉剂10克，对水30千克喷雾。苯磺隆在土壤中残留时间长（30~60天），玉米对其敏感，应尽早使用。苯磺隆可与2,4-D丁酯及腈类除草剂、世玛、骠马、彪虎等混用，以扩大杀草谱。

8. 酰嘧磺隆（好事达、思阔得）

用于防除播娘蒿、荠菜、藜、萹蓄、田旋花、猪殃殃、蓼、苣荬菜等阔叶杂草，对禾本科杂草无效。每亩用50%好事达水分散粒剂3~4克，加水25~30千克均匀喷雾。提倡冬前用药，杂草叶龄较大或天气干旱又无水浇条件时需适当增加用药量。

9. 麦草畏（百草敌）

用于防除播娘蒿、荠菜、藜、猪殃殃、田旋花、刺儿菜等阔叶杂草，对禾本科杂草无效。在小麦3叶后，每亩用48%百草敌水剂20~30毫升，对水20~30千克均匀喷雾。施药前后不应使用有机磷杀虫剂，否则容易造成药害。可与2,4-D丁酯混用，各药剂剂量减半。

10. 溴苯腈（伴地农）

用于防除播娘蒿、荠菜、麦瓶草、麦家公、田旋花、萹蓄、藜、蓼等阔叶杂草，对禾本科杂草无效。在杂草2~4叶期，每亩用22.5%伴地农乳油100~150毫升，对水25~30千克均匀喷雾。在气温较高（小于35℃）、光照较强的条件下容易发挥药效。施用后6小时内如有降雨，应该重喷。该药可与2,4-D丁酯混用，各药剂剂量减半。

15. 甲磺胺磺隆（世玛）

常用于防除麦田中雀麦、节节麦、看麦娘、野燕麦等禾本科杂草。在杂草2～4叶期，每亩用世玛3%油悬剂20～30毫升加专用助剂50～100毫升，对水25～30千克均匀喷雾。土壤墒情好有利于发挥药效。部分强筋小麦、硬质小麦品种和弱冬性小麦品种对世玛敏感，要先做试验，确保小麦安全后再使用。长势较弱的麦田不宜使用，以免产生药害。该药可与苯磺隆、唑嘧磺草胺、酰嘧磺隆等防除阔叶杂草的药剂混用，扩大杀草谱。

16. 禾草灵（伊洛克桑、艾格福、禾草除）

用于防除麦田野燕麦、狗尾草、看麦娘等禾本科杂草，对野燕麦效果好，对阔叶杂草无效。在杂草2～4叶期，每亩用36%伊洛克桑乳油130～180毫升，对水25～30千克均匀喷雾。该药可与氨基甲酸酯类、取代脲类、腈类除草剂混用，不能与苯氧羧酸类除草剂混用，否则会降低药效。

17. 精噁唑禾草灵（骠马、威霸）

常用于防除以野燕麦为主的麦田杂草，还可防除看麦娘、狗尾草等禾本科杂草，对雀麦和节节麦防效差，对阔叶杂草无效。在杂草2～4叶期，每亩用6.9%骠马水乳剂40～60毫升，对水25～30千克均匀喷雾。土壤墒情好或灌水后再施药可提高药效。该药可与苯磺隆、异丙隆、伴地农、使它隆等防除阔叶杂草的除草剂混用，不能与百草敌、2甲4氯钠混用，否则会降低防效。

（二）合理选用除草剂

任何一种除草剂都有一定的杀草谱。有防除阔叶的，有防除禾本科的，也有部分禾本科、阔叶兼防除的。但一种除草剂不可能有效地防除田间所有杂草，所以除草剂选用不当防除效果就不会好，因此，要根据麦田主要杂草种类选择除草剂。

1. 防除禾本科杂草

亩用6.9%骠马（精噁唑禾草灵）60毫升，对水40千克喷雾，对硬草、看麦娘、蜡烛草均有较好防效。同是麦田禾本科杂草如是雀麦、节节麦、燕麦等发生田，亩用15%炔草酯微乳剂30毫升，对水40千克均匀喷雾，防除效果很好。

2. 防除阔叶杂草

播娘蒿、荠菜、猪殃殃、婆婆纳、猫儿眼等阔叶杂草，在小麦出苗后阔叶杂草3～5叶期，每亩用5%双氟磺草胺悬浮剂8毫升，加10%苯磺隆15克，对水40千克均匀喷雾，可有效防除阔叶杂草。

3. 防除禾本科和阔叶杂草

麦田禾本科杂草和阔叶杂草混发田，每亩可加6.9%骠马（精噁唑禾草灵）50毫升加5%双氟磺草胺悬浮剂5毫升，采用二次稀释法，对水50千克均匀喷雾，可有效防除禾本科和阔叶杂草。

参考文献

成卓敏. 2005. 农业生物灾害预防与控制研究[M]. 北京：中国农业科学技术出版社.

高希武，郭艳春，王恒亮，等. 2002. 新编实用农药手册[M]. 郑州：中原农民出版社.

姜玉英. 2008. 小麦病虫草害发生与监控[M]. 北京：中国农业出版社.

林玉柱，马汇泉，苗吉信. 2012. 北方小麦病虫草害综合防治[M]. 北京：中国农业出版社.

马艳红，王晓凤，毛喜存. 2018. 小麦规模生产与病虫草害防治技术[M]. 北京：中国农业科学技术出版社.

全国农业技术推广服务中心. 2004. 中国植保手册（小麦病虫防治分册）[M]. 北京：中国农业出版社.

郑义. 2017. 优质小麦生产技术指导手册[M]. 郑州：中原农民出版社.